餐飲管理
資訊系統

蔡毓峰　著

PREFACE

推薦序
—— 勞瑞斯牛肋排餐廳總經理

Congratulations on choosing the Food and Beverage industry as your career choice! Having personally worked in restaurants for over 26 years, I can safely tell you that you are entering a field that is very dynamic, ever changing, challenging, and never boring! With the advent of modern technology, the business of running a restaurant is far more than just serving food and satisfying guests, it is now a complex world of computers, with POS systems, and virtual dining rooms.

When I began my career in 1977 as a Dining Room Busser with Lawry's Restaurants Inc., I never imagined that my part time job of cleaning plates and setting tables would lead to a career in international restaurant development in Asia. I have seen the industry change from my perspectives as Busser, Bartender, Host, Wine Captain, and finally, Restaurant Manager. Although I attained my degree in Business Finance, I never left the restaurant business, I guess you can say that it was "Love at first plate" !

As my career developed in the business, I saw the industry change and evolve as well. The standards for cleanliness, food safety, food quality, consistency, and service excellence, all grew to be a science and a field of study. Many guests who come to dine at restaurants believe it is as easy as throwing a steak on the grill, and serving it to the guest with a nice bottle of wine. As we all know, it is much, much more than that. The running of a successful restaurant, or restaurant franchise, is a very complex and intricate operation. Even the serving of wines has developed from a simple choice of Red or White, to varietals, vintages, and food matching choices to baffle and challenge every culinary enthusiast. You will soon discover that the restaurant business can be as simple, or as complicated as you wish it to be. Today's modern restaurants, Hotels, and even fast food businesses are highly technical and very much computer oriented operations. As little as 15 years ago, there was no such thing as a POS, or Point of Sale system for operational use. In the past, all dining room service began by taking the guest order tableside, and then transferring the order to a guest check. Then, you handed the order to the kitchen for the Chef to prepare the dishes. Beverages were ordered to the Bartender by simply "Calling" the drinks, and he or she would then ring the total on the guest check manually. As the evening continued through dessert and coffee, it was up to the server to write each item on the guest check, add up the totals, and eventually present the check for payment.

Reporting of daily sales was the duty of the administrative staff, or secretary to each morning add up the sales manually, transfer the information to a summary form, and then report the totals to the General Manager.

Today, the sales in the dining room are visible and can be extracted on a virtual, continuous basis. The Dining Room server now has the capability to take the guest order tableside, and enter the orders on a hand held computer, with all the orders for drinks, salads, main courses, desserts, all printing up in their respective areas on what is now known as order "chits". Gone are the days of copies, carbon paper, and lost checks. Managers and owners can now see the dining room and sales "virtually" by simply accessing the data on the restaurant POS system.

Today's POS systems allow the operation to be micromanaged, with individual server sales, inventories, and table sales viewing in the touch of a finger. Reports can be extrapolated by simply defining the parameters of the reports you need, and then click a button to view the information, on line, and immediately, giving the manager an instant view of sales as well as individual server sales performance.

Now that technology has a firm hold on how we operate and manage restaurants, you can rest assured, or not rest at all, that the F&B business is now much more than cooking steaks and smiling guests, we are on the cutting edge of Business Management. Keeping up with technology, with Food Science, is now a never-ending challenge. Every guest and every table is a business opportunity; upselling techniques, and computer generated sales analysis, allow the Restaurant Manager to maximize dining room performance, and thereby, maximize shareholder wealth, which, is the final goal of the management team.

Oh, and by the way, don't forget to smile in the dining room. Always remember, your salary is not paid by the boss, but by those very guests enjoying dinner!

Thomas Vytautas Balchas

General Manager - Lawry's The Prime Rib Jakarta,Indonesia,Singapore, and Taipei, Taiwan.

PREFACE

傅　序

　　進入e世代，各種行業皆因資訊化而有激烈的競爭與改變，餐飲業雖是以服務為主之行業，但是在管理上卻逐漸資訊化，不但可在管理成節省人事成本及精確計算盈虧，甚至可以電腦分析未來之發展趨勢，因此造成餐飲業的震撼且對於學校的教學及學生的學習上，有很深的影響。

　　毓峰是我在醒吾技術學院觀光科的學生，五專畢業工作一段時間後，即到美國佛羅里達國際大學餐飲旅遊管理系就讀，並取得大學畢業文憑，回國後先後在 T.G.I. Friday's、 COCA 及 Lawry's The Prime Rib Taipei Co. 等國際連鎖餐廳擔任經理職務。毓峰不但將理論與實務結合，且一面工作、一面學習、一面進修，在忙碌的工作之餘，利用過去學校所學及在餐飲業服務的經驗，將慶捷資訊設計之軟體「美食與餐飲管理系統」，加以深入研究，而今出版本書。他於書中第一部分說明餐飲資訊系統現況及銷售統計、人事成本、營業資料、損益表等報表之解析與應用；第二部分說明系統功能架構、操作手冊等，期以自己的經驗貢獻給業者及學校的學生，並希望未來能有更好的發展。

　　毓峰在學生時代，即是一位努力向學，謙虛上進的有為青年，成長就業後，對於社會期望能以所學而有所貢獻。為人師者，最大的喜悅即是自己的學生能出人頭地，為人類造福，為社會貢獻一己之力，因而樂於爰之為序，希望毓峰能再接再勵，向上發展。

醒吾技術學院副校長

傅屏華

王 序

近年來，國內餐飲業蓬勃發展，各類型具有國際水準的飯店、餐廳、連鎖咖啡館、休閒度假俱樂部等，如雨後春筍般建立；隨著電腦資訊化的潮流，使用餐飲管理資訊系統作為輔助經營的餐廳也越來越多，然而大部分經營管理者只是將餐飲系統作為記帳與點菜出單之用，顯少能藉由餐飲系統所產出的統計報表去發現問題、擬定因應對策進而解決問題，因而造成電腦化系統的輔助經營功能大打折扣。懂得如何解讀餐飲系統產生之統計報表，才能真正掌握餐飲管理系統的應用精髓。

本書作者蔡毓峰先生，累積了多年來在國際連鎖餐廳的管理與使用餐飲資訊系統的經驗，配合餐飲管理教學經驗，編著本書。本書的最大特點是將餐飲管理資訊系統之應用與管理報表的解析做了詳細且精闢的介紹，而一般餐飲教材對此均少有著墨之處。

書中，不論是導入餐飲系統所須注意的要點、餐飲系統對使用者的好處、銷售統計報表的解析與有效利用、人事成本報表的介紹與人事成本管理的要點，均有作者獨到的見解與詳盡的介紹。相信本書對於餐飲科系學生及餐飲從業人員而言，是一本實用的教科書或參考用書。

慶捷資訊股份有限公司總經理

王瑞慶

PREFACE

自 序

　　民以食為天！多少年來餐飲業不斷地深入我們生活的每個角落。全世界也大概沒有幾個國家能如台灣一樣有著如此三步一小家，五步一大家餐飲業者的極高密度。藝人轉投資想要開餐廳、經商失敗也想另起爐灶賣些吃的、家庭主婦在小孩長大獨立後也賣起小吃冰品；而大企業家轉投資連鎖餐飲甚至五星級飯店的也時有所聞。似乎台灣人對「吃」有著不可抗拒的魔力，儘管市場早已飽和，不同型態的餐飲品牌仍隨時不斷地被帶進這個市場。

　　餐飲業界除了不斷在廚藝上求精進，在行銷企劃及內部陳設裝潢上求變化之外；拜科技所賜，先進的餐飲資訊管理系統也在近年來快速地被導入到這個古老卻不斷求新求變的產業裡。從早幾年一切都是人工化的三聯單，從點菜、廚房作菜、乃至於結帳都有賴人工的繕寫、計算與統計，接著演進到透過電腦點餐、廚房出單乃至於收銀作業，這時有了初步的電腦輔助加速了作業的流程及時效，而現今的無線 PDA 點菜系統、無線傳輸至廚房及出納，並透過電腦的特性將大量的營業資料作各式各樣的計算統計與彙整，並且導入一對一行銷概念的儲值晶片，可以說是餐飲業營運管理上的寧靜革命。人們開始了解到原來給人感覺冰冷的資訊業竟可被導入到這個以服務為本，並且屬於勞力密集的餐飲服務業裡。

　　近幾年來，開設餐飲管理相關科系的各大專院校及技職學校不斷增加，科班學生們除了利用打工、實習以及學校舉辦的各類業界座談快速地吸取前輩們的經驗，再加上網際網路協助他們汲取更多的資訊，於是乎這個產業的人才快速地優質化與多量化。作者樂見餐飲服務業因為有這些新血們的投入而更加的優質化。但在作者於學校講授「餐飲管理資訊系統」科目時，也發現到此門科目的教材並不多見，

且礙於學校的教育經費無法讓學生們人人上機實際操作，而有教學窒礙之處。作者感於這些年輕新血們並無須過度強調於上機的熟練度，重要的是成為未來業界的管理菁英，更需要的是如何利用學校課堂所學，印證於資訊系統所衍生出的各類管理報表上，藉由報表的研讀從數字中發現問題進而解決問題，才是他們的核心價值。

　　作者利用這幾年來的所學所聞、累積的工作經驗及執教心得，以較務實的方式付諸於文字中，希望這本書除了是一本教科書之外，它更像是一本探討實際案例的工具書。此外，承蒙慶捷資訊股份有限公司王瑞慶總經理及研發部劉佑章程式設計師的鼎力協助，他們除了提供本書免費的試用軟體光碟、使用說明書，供讀者體驗之外，更容忍筆者多次叨擾求教，以使本書內容更臻豐富完整。

　　另外，特別要感謝Lawry's The Prime Rib勞瑞斯牛肋排餐廳總經理Mr. Thomas V. Balchas、台維餐廳旅館管理顧問公司馬德新總經理、國聯大飯店康程華總經理、醒吾技術學院傅屏華副校長、經國管理暨健康學院餐飲管理科陳柏蒼老師……等人的鼎力協助指導。然vii倉促成書，疏漏之處在所難免，仍有賴各界先進前輩的不吝批評指教。

蔡毓峰

目錄 Contents

PART 1

基　礎　篇

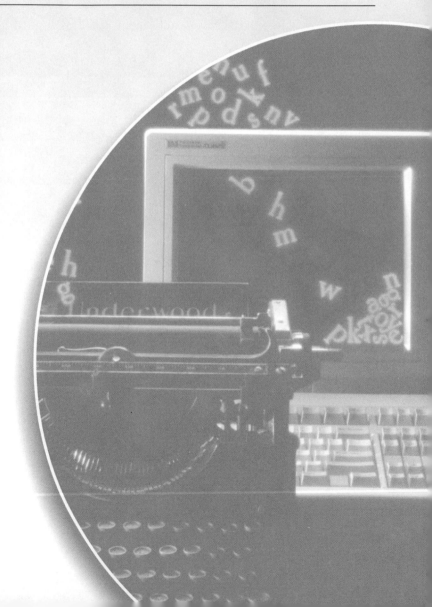

第一章

餐飲資訊系統概述

科技產品對餐飲業的影響

隨著科技時代的到來，行動通訊與行動數據的相關產品不斷的問世，你我的生活也從此變得更方便、更快捷有效率。電腦科技不斷的進入我們的生活，例如查詢資料有了網際網路取代了部分圖書館的功能，行車有了衛星定位系統省卻了我們停車問路的時間，電子郵件讓郵局及快遞業者的業務量減少許多，到商店購物再也看不到一張張的價格標籤貼在商品上，取而代之的是一連串對消費者完全沒有意義的電腦條碼，警察開罰單用PDA，路邊臨檢用掌上型電腦查你的愛車及駕照資料，洗衣店的店員在電腦鍵盤上鍵入你家的電話號碼，隨即能正確無誤的說出你所送洗衣物的明細。現在甚至在回家的路上，就可以利用行動電話提前啟動電鍋煮飯、預約洗衣機洗衣，再順便將冷氣啟動，就好像家裡有位數位僕人在伺候著主人回家。

這就是科技的力量所帶給每一個人在生活上的重大轉變，而且也帶給了每一個人在工作上有了更重大的挑戰。產業要轉型、效率要提升，資訊產品在這過程中絕對是一個不可或缺的角色。於是，消費者享受到科技所帶來的便利，而業者也必須跟緊腳步擴充設備，提升人員素質及訓練課程以駕馭這些資訊設備，來提升工作的效率及企業的形象。

餐飲業，這個古老卻又一直存在的產業，除了透過師傅們精巧的廚藝，來展現出中國人最講究的色、香、味俱全的好菜以吸引顧客之外，雅緻的用餐環境、親切的餐飲服務、合理公道的價位、環境的衛生、地點的好壞、品牌與口碑等，這些都是餐廳能否成功經營的要素。然而這句話套在 10 年前台灣的餐飲業界或許是對的，但是以現今的科技時代 2004 年的標準來看，它似乎還必須再加上

餐飲資訊系統概述

專業的經理人及一套實用的餐飲資訊系統來做搭配。曾幾何時，愈來愈多餐廳的服務員不再以三聯單來為客人點菜，廚房的師傅也不再需要忍受外場人員用潦草的字跡寫下菜名及份量；當然出納結帳時面對著一張張工整清晰的電腦列印帳單，出錯的機會自然也大幅的減少了許多。於是，大家的工作效率提升了，心情自然變好，微笑多了，服務自然也好了！

餐飲資訊系統對使用者的好處

一、餐飲資訊系統對業主的好處

對於餐飲業主而言，餐飲管理資訊系統除了能夠提供一份完整的營業紀錄之外，對於各項成本的控制也有相當大的監督作用。透過餐飲資訊軟體所預設的分層授權功能，進行修改及折扣的設定，能讓餐廳內的營收、折扣，食材物料的進貨、銷貨、存貨有一定的管制，避免人謀不臧或浪費的情事發生。

業主對於報表數字上的變化，能同時作為對現場管理者的管理績效評估，以進行最客觀的剖析。這正是人們常說：「數字會說話」的道理所在，藉由歷史資料的回顧比對，來剖析現場管理者的經營管理能力。

二、餐飲資訊系統對營運主管的好處

對於餐廳現場的營運主管而言，餐飲資訊系統能提高營運的順暢度。例如：廚房與外場人員的溝通更順暢、結帳及點菜的出錯率可以降低、減少客人不必要的久候以及餐廳形象的提升等等。而對於一位專業經理人而言，餐飲資訊系統所扮演的角色絕對不只單單如上所述，其真正的價值乃是這套餐飲資訊系統所提供的各式報表

功能，有了這些報表就如同船長有了羅盤及衛星定位導航系統，可以帶領這艘船駛往正確的方向。經理人藉由員工出勤記錄了解員工的作息出勤是否正常；藉由銷售統計報表了解哪些菜色熱賣，又哪些菜色不受青睞可考慮刪除；藉由折扣統計報表，了解哪些促銷活動方向正確，獲得顧客青睞，提高了來店頻率或消費金額。

經理人必須發揮所學專長，從數字去發現問題，並了解每一個數字背後所延伸的意義，進而去發覺問題核心，解決改善問題，以創造最大利潤。

三、餐飲資訊系統對財務主管的好處

財務主管雖然不在餐廳現場參與營運事務，但是經由每日的各式報表能為業主提供正確的資訊及建議。不論是在現金的調度、貨款的確認與給付、年終獎金的提列或是折舊的分期攤提，都能提供業主一個思考的方向。

當然，這些報表對於現場的現金、食材物料及固定資產等也能發揮稽核的功能。對於每週、每月或是每季所召開的例行營運會議、股東會議也能藉由餐飲資訊軟體，提供第一手正確的各式報表進行檢討。如此一來可大量節省財務主管製作各式報表，甚至以手工登錄製作報表的冗長作業時間。

四、餐飲資訊系統對百貨商場的好處

對於購物中心、商場甚至量販店所規劃附設的餐飲區，因現今商場大多對承租的餐飲專櫃租金收入採取營業額抽成的方式。此時商場與餐飲專櫃間的營業額確認，就有賴餐飲資訊系統與商場的結帳系統進行連線，以利稽核避免不必要的爭議。

五、餐飲資訊系統對使用者的好處

㈠廚房、吧台人員

　　過去的經驗裡，廚房及吧台的工作人員們總是無奈地接受、忍受外場服務人員，以潦草的字跡寫在不甚清楚的複寫三聯單上。光是文字的判讀就浪費廚房師傅們不少時間，無形中也增加了錯誤的比率。有了餐飲資訊軟體，外場透過餐飲資訊系統點菜，經由廚房的印表機列印出來，字跡工整清楚。甚至如果預算寬裕，還可以在廚房加掛抬頭顯示器，讓廚房師傅能利用電腦螢幕了解所需製作的菜單，進而依照每一道菜所需的烹飪時間，調整製作的順序，讓同桌的顧客可以一起享用到不同的餐點。

㈡外場服務人員

　　餐飲管理資訊系統對於餐廳現場第一線的服務人員，最直接的益處乃是在於效率。透過餐廳現場配置的 POS（Point of Sales 銷售點）機，快速的鍵入桌號、人數、餐點內容，存檔送出後使廚房及吧台能在第一時間收到單子並隨即進行製作，而此時餐廳內包括前台、出納及任何一台 POS 機均已同步更新資料。免除了過去以手開三聯單，並逐一送到廚房、吧台以及出納的時間。另外員工每日出勤都能利用POS機進行打卡上班的動作，透過先前輸入的班表，隨即可以統計上班時數並避免上錯班的窘境。

㈢出納人員

　　透過餐飲資訊系統，出納人員面對客人結帳的要求時，只要鍵入正確的桌號即能得到正確金額的帳單明細。當客人以現金結帳時，出納人員輸入所收金額，系統會自動告知出納人員應找餘額；若是以信用卡結帳時，系統也能夠與銀行所設置的刷卡機連線，直接告知刷卡機應付金額，而出納人員只要進行刷卡動作即可，以避免掉輸入錯誤金額的機會，使消費者更有保障。而交班結帳時，亦

能透過系統列印明細及總表，進行交接。

㈣領台帶位人員

　　領台人員藉由餐飲資訊系統業者事先為餐廳量身繪製的樓面圖，清楚地呈現在電腦螢光幕上，並利用系統預設的功能加上與外場 POS 機及出納結帳的電腦進行連線，依照當桌的消費進度賦予不同的顏色，讓前台人員對於樓面狀況一目了然。例如：紅色代表客人已點餐用餐中；白色代表空桌；綠色代表已經用完餐結完帳即將離開；黃色代表已帶入桌位但尚未點餐……，如此遇有客滿的情況時，前台人員較能夠精確掌握樓面狀況，並預告現場等候桌位的客人可能需要等候的時間。

六、餐飲資訊系統對消費者的好處

　　經由餐飲資訊系統帶給餐廳完善的管理及成本的有效控制，自然能帶給餐廳更多的利潤，進而提升競爭力並嘉惠消費大眾。此外，客人若是對於帳單有異議時，也能藉由帳單的序號或桌號查詢明細，避免爭議。

系統安裝注意事項

　　餐廳在導入餐飲資訊系統之後雖然可以享受電腦科技所帶來的便利性，然而對於資訊系統的建置、維護保養仍應有以下幾項要點需注意：

一、UPS(Uninterrupted Power System)不斷電系統的必要性

　　試想，餐廳於用餐尖峰時間正忙得不可開交之際，若不幸正巧遇上停電的窘境。即使是位處在高級的商業大樓或是購物中心之中，緊急電力的供應多半只能提供緊急照明、消防保全設備以及電

梯的正常運作。此時，餐飲資訊系統若沒有搭配一個專屬的不斷電系統來支應，勢必嚴重影響餐廳營運的順暢度。因為電腦的停擺，將使服務人員無法正常的點菜、出納人員也無法從電腦中調出客人的帳單進行結帳的動作，而更嚴重的是很可能在停電的瞬間，電腦資訊系統未能來得及儲存並對當時的營運資料進行備份，因而造成無法挽回的遺憾。

目前市面上的電腦賣場普遍都有販售各式的 UPS 系統，商家可以依照自己的需求及預算來購置，而其主要的差異是在於續電供電的時間長度。

二、定期資料備份

為求營業資料的永續儲存，及日後做重大營運策略時可以調出歷史營業資料來做參考，筆者建議使用商家能定期進行資料的備份儲存。雖然餐飲資訊系統的主機已經配有記憶體大小不等的硬碟進行儲存，但是若能搭配燒錄機，將資料燒成光碟片儲存以作為備份，則會是更為安全妥當的做法。

三、觸控式螢幕的保護

觸控式螢幕的最大好處就是快捷便利。然而餐廳的環境畢竟不如一般的辦公室或是零售商店，外場服務人員難免有時候會因為剛收送餐點或是洗完手，而讓自己的手指仍是帶有油漬或是水滴，此時若未先將手徹底洗淨並擦拭或烘乾，就直接操作觸控式螢幕，則容易造成螢幕的損壞。此外不當的敲擊或是以其他的物品（例如原子筆、刀叉匙等餐具）代替手指操作觸控式螢幕，也極易造成觸控式螢幕的損壞。

四、傳輸線的選擇

傳輸線主要的功能是將外場各區的POS機、出納結帳、吧台、廚房、前檯以及主機之間做連線，並快速地將資料進行傳輸。然

而，廚房對於電腦傳輸線可以說是一個不甚友善的工作環境，除了高溫潮濕之外，瞬間用電量的高低起伏造成電壓的不穩定，微波爐等設備所產生的電磁波等也都會影響資料的傳輸，因此在建構這些餐飲資訊設備時，應選擇品質較好的傳輸線，以抵禦週邊的干擾及惡劣的工作環境。此外，若能以金屬或塑膠管保護傳輸線，將能有效避免蟲鼠的破壞，以免斷線的情況產生。

五、專屬主機避免其他用途

為避免造成電腦主機的效率退化、速度變慢甚至發生感染電腦病毒的情況，筆者建議餐廳應為餐飲資訊系統保留一台專屬的主機，徹底杜絕與一般事務的個人電腦混合使用。

六、簽訂維修保養合約

雖說新購的餐飲資訊系統大都附有一年的硬體保固服務，但是對於軟體程式的修改、維護、調校以及不可預期所發生的人為損害，仍應有所警覺。若能及早簽訂維修合約，不論是零件備品的取得、遠端即時的維修設定或是到場進行硬體的清潔保養都能夠延長系統的使用壽命，而且可以大幅降低不可預知的故障，確保餐廳營運的順暢度。

餐旅資訊系統概述

第二章

餐飲資訊系統的導入

國際性連鎖餐廳的衝擊

在 1980 年代，國際性連鎖速食業者陸續在台灣相繼成立，並大張旗鼓的在各個角落開立分店，用令人咋舌的預算大作廣告。一時之間，麥當勞成了速食業的代名詞，肯德基、德州小騎士、漢堡王、必勝客比薩……，這些跨國性餐飲集團幾乎顛覆了台灣社會千百年來的餐飲習性及餐飲業界的生態。隨之而來的國際性連鎖美式餐廳——T.G.I.Friday's, Ruby Tuesday, Tony Romas, Planet Hollywood, Hard Rock Café 等相繼在北中南等各都會開立分店，更是改變了消費者對飲食的價值觀。這些大型跨國餐飲集團帶給台灣業者的衝擊，除了體悟到另類的餐飲食品也有忠誠的消費客群，龐大的行銷預算、美式的專業經營管理、SOP（Standard Operation Procedure 標準作業程序）的建立、大量的引進工讀生以節省人事成本，餐飲資訊系統的導入增加工作的效率，以及管理者在發覺問題能見度上的提升等等，都是過去本地餐飲業者所不曾嚐試過的事。

這個衝擊讓國內業者了解到餐飲業其實是可以被資訊化的，不論是在採購的流程、餐點的配方、人員出勤紀律的考核、分層負責的管理、菜單的設計與更新都是可以藉由資訊科技予以透明化以及效率化的。

從此，每個月到了發薪日，不再看到員工及主管拿著打卡鐘的出勤卡為了究竟工作多少時數爭得面紅耳赤，客人不再在出納櫃檯為了結帳人員一時的計算錯誤，造成客人溢付餐點金額而不悅，外場經理也不用再與主廚一起憑「感覺」瞎猜究竟是哪一道菜賣不好，而哪一道菜又是賣的最好——這就是科技。

管理，本來就是一門學問、一種科學——而資訊系統藉由其龐大且快速的運算統計及分析彙整的能力，適時正確的提供了使用者

最正確的資訊，進而做出最正確的決定，隨之而來的是更低的成本、更高的業績、更符合市場需求的行銷活動及產品，以及更強大的企業競爭力。

第二節 國內業者採用餐飲資訊系統的原因

一、餐飲業經營者及經理人的認知化

這幾年來，多數的本土餐飲業者及經理人，逐漸認同餐飲資訊系統所提供的優點，凝聚了共同的認知才有付諸行動的可能。他們逐漸感受到採用餐飲資訊系統之後，業主對廚師的訂貨議價、對現場管理者的正直誠信度、出納人員的信任度等都提升了，同時亦減少了許多不必要的猜忌，自然能將更多的心思花在正確的方向。這些資訊軟體忠誠地提列出各項報表，少了筆誤也少了欲蓋彌彰的修正。如此一來自然地，這些報表也有了可信度，而不合理的數字隨即也成了問題產生的風向球。管理者有了它能更有效率的去發現問題並解決問題，而業主也能由這些報表中看出經營的體質以及管理者的管理績效。

二、餐飲從業人員的優質化

台灣社會的工作人口雖然隨著前幾年經濟衰退而停滯不前，失業率的居高不下卻也連帶的造成目前界業人口素質的提升。常常在新聞報導中看到某某縣市環保局招考清潔人員、或是某某小學招考工友數名，卻常常吸引成千上百的求職者前往報名應試，其中不乏具有碩士學位甚至是留學背景的知識份子。而餐飲業也不例外，在 1980 年代台灣地區大概只有文化大學觀光系、世界新專（已升格為世新大學）觀光科、銘傳商專（已升格為銘傳大學）觀光科、

醒吾商專（已升格為醒吾技術學院）觀光科等少數幾所大專院校設有觀光科系，並開設有幾門與餐飲管理相關的學分課程。然而不到20 年光景，全台有數十所大專院校及高職設有餐飲管理科系（已與觀光科系或旅館管理科系有所區隔），而位在高雄市的國立高雄餐旅管理專科學校，更成了有心從事餐飲行業的學子們的首選學校之一。而近年來更有許多年輕學子遠赴美國、瑞士或澳洲接受食品科學、餐飲經營、財務管理、成本控制、採購、行銷、消費心理、人力資源等專業課程，希望能提高自己在職場的競爭力。

　　筆者樂見這個行業有更多的年輕人能帶著學校所學踏入職場，一來提高業界的競爭力，二來也連帶提升餐飲管理專業經理人的社會價值與地位，不再像過去總是被譏笑為，不過就是一個穿著體面還是得端盤子的資深服務員。

三、資訊軟體的本土化

　　在 1980 年代，跨國餐飲集團陸續進入台灣市場之際，也同時導入了餐飲資訊系統。在當時如此陌生的「機器」或許已經在物流業、製造業被台灣業者導入，但是對於習慣以三聯單來作各部門溝通及稽核的餐飲業，卻是一個全新的嚐試。本地業者遲遲無法導入的原因在於以下幾點：

㈠使用介面

　　既然是國外的軟體，當然是英文的介面為主，單單是操作者的英文能力即是一個考量。既然不懂英文，即使電腦設計得再人性化、簡單化，操作上仍舊有盲點。況且對於中式餐廳，菜名的鍵入也是問題。

㈡單價昂貴

　　在當時的時空背景下，micros系統可說是在美國最具權威的餐飲資訊系統，因屬小眾市場產品，價格一直居高不下，較大型的餐

餐飲資訊系統的導入

廳若配置 6～10 台 POS（Point of Sales 銷售點）機，可能必須花費上百萬元購置。

（三）操作畫面的生硬

　　當時的餐飲資訊系統，多半以專業電腦程式語言寫入，直接在 DOS 模式下執行，容易造成操作者的抗拒及不適應。

（四）訓練時程長、成本高

　　正因為屬於英文介面，而且在 DOS 模式環境下執行操作，一名服務員需要花上數週進行訓練，其所衍生出來的訓練成本（訓練員及被訓練者的薪資、不當操作的潛在損壞、鍵入錯誤進而造成食物成本的浪費或營收的短少），都是業者裹足不前的原因。

　　而現今之所以可以本土化，完全是因為國內業者研發類似軟體，功能甚至更強，以中文介面、windows 作業環境、人性化的觸控螢幕搭配防呆裝置、簡易的操作引導以及合理的價格，完全解決了上述的四個原因，自然也就能夠普及化、本土化了。

四、資訊設備的簡單化

　　過去從國外進口的餐飲軟體多半屬於專利商品，連帶其外觀、零件、體積及工作環境都有較高的規格。而現今多數由國內業者所研發的軟體，所需搭配的多半是一般的電腦主機、觸控式螢幕、簡單的噴墨印表機或視需要再加裝主機伺服器即可操作運用。而比較值得一提的是因為中華民國政府設有統一發票的制度，因此在軟體設計之初，便將統一發票的管理納入為其重要功能之一，這是國外軟體所沒有的。而早期國外的資訊軟體，甚至偶有發生與發票機無法連動或同步的問題，造成出納人員、財務稽核人員與稅捐單位之間的困擾。

五、資訊設備的無線化

隨著週休二日制度的實施，台灣地區各個風景休憩場所每逢週休假期總是擠滿休閒的民眾及消費者。包廂式設計的 KTV、大型的餐廳、木柵貓空地區的戶外露天茶莊、北投或是知本的溫泉露天泡湯區、國父紀念館廣場的大型園遊會都是樂了消費者，卻苦了腿都快跑斷的服務人員。除了體力上的負擔，也間接影響了服務的品質。此時若能導入無線化的設備，例如服務員配備無線電對講機以及無線 PDA 與餐飲資訊系統作無線的數據傳輸，效率不但提升，對於服務品質與企業形象均多所幫助。

六、資訊軟體的低價化

隨著國內業者的潛心研發，切合國內餐飲環境所設計的軟體在近幾年來如雨後春筍般的不斷推出。相較於國外進口產品，國內自行研發的軟體最大的特色就是貼近使用者的需求。同文同種的國人在同一個環境下生活，其思考邏輯自然是較近似於使用者。不斷的溝通修正改版，促使這些本土產品深受國內餐飲業者的青睞，銷售量提升的同時，自然單位成本得以下降。就筆者了解，目前一套簡易的國產餐飲資訊軟體，連帶週邊硬體設備，可能只需原先進口國外餐飲資訊系統三分之一的價格即可購得。最近，甚至有業者規劃將餐飲資訊軟體以盒裝的方式透過電腦賣場通路販售，餐廳業者只需依照操作說明將軟體安裝在電腦中，並添購其他必須的硬體設備即可上線使用。

七、維修無界化

在過去的經驗中，餐飲業者如果不幸發生軟硬體的故障而無法使用時，可以利用維修專線請工程師儘速到場維修，做零件的更換或是軟體的調校修改。然而現今因為網際網路發達，以及軟體的自我偵錯能力不斷提升，除非是硬體零件更換需到場進行修護之外，

餐飲資訊系統的導入

很多的軟體修改設定均能透過簡易的對話窗口，引導使用者自行維護，或是利用網際網路讓工程師連線後作遠端維護。這些功能大幅降低了餐廳業者的不安全感，進而增加使用接受度。

 第三節
餐飲資訊系統與 CRM 的結合

CRM（Customer Relationship Management 顧客關係管理）是近年來很熱門的一個行銷課題。其主要的意義就是更深入了解顧客消費習性、更貼切去迎合滿足顧客需求的一對一行銷概念。餐廳如果能確實建立顧客資料，除了生日、地址、電話外，舉凡客人用餐的口味需求、飲食習性、座席偏好、甚至結帳方式（何種信用卡），將來在行銷策略的規劃上就能更貼近顧客需求，得到最好的顧客滿意度。

餐飲管理資訊系統，最大的功能之一就是其龐大快速的計算、統計、篩選序列的能力。例如透過它的強大功能，使用者可以在彈指之間得到依照生日月份所排列出的顧客名單，進而對生日顧客進行貼切的問候並提供顧客來店慶生的優惠；篩選女性顧客並針對粉領階級的顧客規劃下午茶的優惠；篩選出特定職業的顧客，並在其專屬的節日裡，提供貼心的問候及用餐的優惠，例如護士節、秘書節、軍人節……等。

PART 2

解析應用篇

第三章

銷售統計報表

銷售統計報表的簡介

　　銷售統計報表可以說是餐飲管理資訊系統所提供的報表中最具代表性、實用性,而且從表面文字意義來說較為淺顯的報表之一。顧名思義,銷售統計報表就是利用餐飲資訊系統中的統計及排序的功能,將餐廳所銷售的每一項產品做精確的統計。當然不同的資訊系統所提供的銷售統計報表不盡然完全相同,但也僅止於表面格式的呈現方式不同,或是增加不同面向的排序,例如依名稱、單價或是依照銷售數量來做排序,並且加上百分比來提供管理者更詳細的數據參考(另參考表 3-2～3-4)。

　　表 3-1 為某餐飲資訊系統所提供的銷售統計報表。報表數據涵義的介紹如下:

1. 銷售統計報表所統計的起訖日期。以此張報表為例,統計日期 2004 年 3 月 2 日。此套餐飲資訊系統因屬於必須每日營業結束後做清機動作將資料歸零,因此讀者可以發現 3 月 1 日晚間 11:16 為當日營業結束並清機,因此系統會從清機後重新統計各項數據直到列印本張報表之時,亦即 2004 年 3 月 2 日晚間 9:34。

2. 「2」代表這項產品所被賦予的產品編號。有些餐廳為了方便歸類及資料的統計,會為每一類的產品預留一定數量的流水編號作為產品代碼。例如 01～99 號為開胃菜及湯類;100～199 號為熱炒類; 200～299 為清蒸類;300～399 為焗煲類……以此類推。而在此張報表的排列方式則是依照產品代碼來做排序。

3. 產品名稱。假設本張報表的排列方式更改為依照產品名稱排序時,則英文名稱的產品會依照英文字母排序,而中文名稱則依照筆劃順序排列之。

4. 累積銷售數量。

5. 總計銷售金額。由此可以推算紫蘇飯糰的單價為120元（總計銷售金額$360／銷售數量3個）。

6. 為紫蘇飯糰銷售數量3個佔全部銷售數量的百分比。由此可以推算該餐廳當日共計銷售各項產品總計數量為129道菜（3除以0.0233）。

7. 為紫蘇飯糰的總計銷售金額佔當日所有銷售金額的百分比。

8. 當日各式菜色的總計銷售數量為129道，正與上述第6點相呼應。

9. 當日各式菜色的累計總營業額為$17,590。由此可以對照上述第7點來看，$360／17,590＝2.05％，即為紫蘇飯糰的總計銷售金額佔當日所有銷售金額的百分比。

表 3-1　銷售統計表（範例）

```
                MENU ITEM SALES REPORT
                   SU#1 SYSTEM UNIT
              CURRENT FROM MAR01'04 11:16PM
              MAR02'04 09:34PM X0373 PAGE 1
```

2	RICES BALL	3	2.33%
		360	2.05%
5	BROCCALI / POTATO	3	2.33%
		540	3.07%
7	CRAB PATE	1	0.78%
		220	1.25%
8	MUSHROOM	1	0.78%
		220	1.25%
9	MIX SALAD	1	0.78%
		160	0.91%
11	CAESER SALAD	3	2.33%
		570	3.24%
14	SET$150	13	10.08%
		1950	11.09%
23	MINESTRONE	5	3.88%
		650	3.70%
24	SEAFOOD SOUP	3	2.33%
		450	2.56%
25	SOD	2	1.55%
		220	1.25%
39	OYSTER RISOTTO	4	3.10%
		840	4.78%
51	TOMATO PASTA	1	0.78%
		200	1.14%
53	CLAM/TOMATO	2	1.55%
125	LU/ICE COFFE	2	1.55%
		140	0.80%
134	HOT COFFEE	1	0.78%
		70	0.40%
142	HOT TEA	2	1.55%
		140	0.80%
143	ICE TEA	2	1.55%
		140	0.80%
147	HERB TEA	1	0.78%
		100	0.57%
166	TIRAMISU	2	1.55%
		200	1.14%
TOTAL	SLS	129	17590

1
2
3
4
5
6
7
8
9

銷售統計報表

表 3-2 銷售排行分析表（依銷售量）

序號	菜名	銷售量	銷售額	序號	菜名	銷售量	銷售額
1	早餐卷	136	24480	24	真珠糯米雞	5	400
2	小菜	74	6400	25	脆皮韭菜餃	5	400
3	茶資	70	1400	26	A套餐點心	5	1500
4	果汁	24	1920	27	蟹粉生翅	5	2000
5	台灣生啤酒	22	2200	28	清蒸蟹肉球	4	240
6	蒸石斑魚	21	1260	29	蜜汁叉燒包	4	240
7	香煎蘿蔔糕	21	1260	30	芋絲炸春捲	4	240
8	礦泉水	17	1105	31	豆苗素雀	4	752
9	砂鍋臭豆腐	16	720	32	早餐卷(散客)	4	1260
10	台灣啤酒	16	1360	33	翡翠海鮮羹	4	1296
11	烏梅汁	16	2400	34	素食	4	2000
12	鼓汁蒸鳳瓜	12	720	35	雪若蘭紅酒	4	2200
13	蟹黃蒸燒賣	12	960	36	山竹牛肉丸	3	180
14	鮮蝦腐皮卷	11	1100	37	雙菇牛肉捲	3	240
15	韭黃鮮蝦腸	11	1320	38	皮蛋瘦肉粥	3	300
16	魚翅灌湯包	11	1320	39	湯麵	3	480
17	水晶韭菜餃	10	800	40	清炒青菜	3	564
18	炒飯	9	1440	41	雙拼	3	864
19	相逢蝦皇餃	8	800	42	蔥香櫻花蝦	3	1440
20	6000	8	48000	43	白飯	2	30
21	鼓汁蒸排骨	6	360	44	汽水	2	100
22	目肚魚	6	588	45	香茜牛肉腸	2	200
23	蜜汁叉燒酥	5	400	46	黃金炸蝦球	2	200

餐飲管理
資訊系統

（續）　表 3-2　銷售排行分析表（依銷售量）

序號	菜名	銷售量	銷售額	序號	菜名	銷售量	銷售額
47	炒米粉	2	320	62	白雲游龍	1	80
48	什錦炒飯	2	320	63	回燒	1	100
49	油雞	2	360	64	蜜汁叉燒腸	1	100
50	青菜蛋花湯	2	376	65	炒麵	1	160
51	蠔油芥蘭	2	376	66	素什錦	1	188
52	生邊豆苗	2	476	67	蔥爆牛肉	1	248
53	無錫排骨	2	516	68	椰果西米露	1	300
54	鳳梨鮮蝦球	2	676	69	B 套餐點心	1	300
55	二鍋頭	2	1700	70	XO醬(小魚)炒山蘇	1	320
56	5000	2	10000				
57	10000	2	20000	71	砂鍋牛腩煲	1	388
58	蓮蓉芝麻球	1	60	72	喜宴駿馬紅酒	1	400
59	桂林馬蹄酥（條）	1	60	73	清炒蘆筍	1	402
				74	百果烏參	1	568
60	蠔油鮮竹卷	1	80	75	豬四拼	1	732
61	馨香芋頭餅	1	80	76	7000	1	7000

銷售統計報表

表 3-3 銷售排行分析表（依餐點類別）

分　項	菜　　　名	10月份	11月份	12月份	加　　總
開胃菜	Chk Salad	36	30	44	110
開胃菜	Calamari	33	25	26	94
開胃菜	Mushroom	31	29	33	93
開胃菜	Quesadilla	45	39	43	127
開胃菜	Parma Ham Caesar	10	7	4	21
開胃菜	Caesiar	80	102	120	302
開胃菜	Salmon Caesar	27	16	16	59
開胃菜	Baby Green	19	32	35	86
套餐	Farnily 4	32	39	31	102
套餐	Farnily 6	12	12	10	34
套餐	Farnily 8	5	3	9	17
湯	Minestrone	37	48	65	150
湯	Clarn Soup	40	50	34	124
湯	Sod	18	30	16	64
披薩	Mush Calzone	20	21	38	79
披薩	Calzone Meat	13	8	23	44
披薩	Veg Pizza	14	14	16	44
披薩	Amchovy Pizza	31	20	27	78
披薩	Thai Pizza	17	26	18	61
披薩	Lulu Pizza	43	48	57	148
披薩	Pizza Salmon	5	8	4	17
披薩	Parma Ham Pz	0	1	4	5

餐飲管理
資訊系統

（續）　表 3-3　銷售排行分析表（依餐點類別）

分 項	菜 名	10月份	11月份	12月份	加 總
麵食類	Ckn Ravioli	66	71	92	229
麵食類	Spag Meat	119	94	173	386
麵食類	Penne	64	73	88	225
麵食類	Risotto	37	40	72	149
麵食類	Fet Ckn	143	137	290	570
麵食類	Linguine	296	278	368	942
麵食類	Capellini	43	35	56	134
麵食類	Lasagne	128	114	225	467
麵食類	Spag Carbo	80	77	88	245
麵食類	Fet Shrimp	118	137	137	392
麵食類	Seafood Pasta	73	72	67	212
麵食類	Spag Ink	60	61	79	200
麵食類	Linguine Veg	27	28	33	88
主菜類	Spring Ckn	16	25	36	77
主菜類	Filet	27	50	38	115
主菜類	Salmon	25	13	14	52
主菜類	Lobster	13	4	6	23
主菜類	Ossbucco	20	25	20	65
主菜類	Pork Kunckle	20	17	15	52
加值餐	Lunch 100	642	599	871	2112
加值餐	Dinner 200	333	351	516	1200

銷售統計報表

表 3-4　銷售排行分析表（依第四季銷售總數量）

分　項	菜　　名	10月份	11月份	12月份	加　總
加值餐	Lunch 100	642	599	871	2112
加值餐	Dinner 200	333	351	516	1200
麵食類	Linguine	296	278	368	942
麵食類	Fet Ckn	143	137	290	570
麵食類	Lasagne	128	114	225	467
麵食類	Fet Shrimp	118	137	137	392
麵食類	Spag Meat	119	94	173	386
開胃菜	Caesnr	80	102	120	302
麵食類	Spag Carbo	80	77	88	245
麵食類	Ckn Ravioli	66	71	92	229
麵食類	Penne	64	73	88	225
麵食類	Seafood Pasta	73	72	67	212
麵食類	Spag Ink	60	61	79	200
湯	Minestrone	37	48	65	150
麵食類	Risotto	37	40	72	149
披薩	Lulu Pizza	43	48	57	149
麵食類	Capellini	43	35	56	134
開胃菜	Quesadilla	45	39	43	127
湯	Clam Soup	40	50	34	124
主菜類	Filet	27	50	38	115
開胃菜	Chk Salad	36	30	44	110
套餐	Family 4	32	39	31	102
開胃菜	Calamari	33	25	36	94

（續）　表 3-4　銷售排行分析表（依第四季銷售總數量）

分　項	菜　　名	10月份	11月份	12月份	加　　總
開胃菜	Mushroom	31	29	33	93
麵食類	Linguine Veg	27	28	33	88
開胃菜	Baby Green	19	32	35	86
披薩	Mush Calzone	20	21	38	79
披薩	Amchovy Pizza	31	20	27	78
主菜類	Spring Ckn	16	25	36	77
主菜類	Ossbucco	20	25	20	65
湯	Sod	18	30	16	64
披薩	Thai Pizza	17	26	18	61
開胃菜	Salmon Caesar	27	16	16	59
主菜類	Salmon	25	13	14	52
主菜類	Pork Kunckle	20	17	15	52
披薩	Calzone Meat	13	8	23	44
披薩	Veg Pizza	14	14	16	44
套餐	Farnily 6	12	12	10	34
主菜類	Lobster	13	4	6	23
開胃菜	Parma Ham Caesar	10	7	4	21
套餐	Farnily 8	5	3	9	17
披薩	Pizza Salmon	5	8	4	17
披薩	Parma Ham Pz	0	1	4	5

銷售統計報表

第二節 銷售統計報表的有效利用

在談到如何有效利用銷售統計報表之前，必須要先了解每一套餐飲資訊系統在這項產品銷售統計的功能上有何差異以及系統對於「銷售」的定義為何。例如有些資訊軟體對於「銷售」的定義為：只要經由外場服務人員鍵入的菜色，即列入銷售的統計；但有些系統則是必須確定該項產品確實有營業額產生才計入銷售統計，換句話說經由餐廳招待的菜色因為沒有營業額產生，即使廚房確實已經製作烹調這道菜，並且上桌招待客人，食物成本雖然已經發生，卻因為沒有營業額產生而未計入銷售統計的資料中。另外值得一提的是系統資料儲存能力攸關報表分析內容的歷史完整性。早期的餐飲資訊系統多屬於每日必須清機的系統，也就是說每日營業前，若未將前一日的營業資料清除，則當日的營業資料將與前一日的資料做累計，造成當日營業報表的混亂。然而新一代的餐飲資訊系統多設有自動更換營業日的功能，這項功能可以依照餐廳的業態及營業時間自行修改設定，而不一定要像一般時鐘於凌晨零時更換日期。例如多數的酒吧、舞廳等因娛樂成分較強，多於凌晨3點鐘始打烊，則他們可以將營業日更換時間設定在凌晨4點鐘，讓每一營業日的營業資料能更精確。

此外，系統的記憶體大小也直接攸關歷史資料備份的能力。筆者建議除了以較大容量記憶體的硬碟來做儲存，以增加歷史資料的完整性之外，定期的以磁碟片或光碟片進行備份更是重要，以免一旦記憶體損壞造成無法彌補的傷害。

當管理者要針對菜單的銷售狀況做分析時，可以列出某特定時段的銷售統計報表。例如2003年七夕情人節為8月4日星期一，餐廳可能應景推出情人節套餐，並提前自8月1日星期五即開始供應

情人套餐,而為了解四天下來所累計的情人套餐銷售數量,可在系統中設定起訖日期為 2003/8/1～2003/8/4。此時就有賴大量的記憶體紀錄過去的歷史資料以方便使用者隨時搜尋。

一、掌握顧客喜好

　　當餐廳主管瀏覽或列印銷售統計報表時,可以依照當時所需,決定這張報表呈現的方式,例如依照英文字母排行、銷售數量、銷售金額、產品類別等方式來做報表的排列順序。假設某餐廳正決定將菜單做結構性的調整時,則可以利用餐飲資訊系統來檢視,參考產品類別排序所呈現出來的銷售統計報表。如此一來報表可以藉由餐廳原先預設的類別做出開胃冷盤、開胃熱菜、沙拉、湯品、麵類、飯類、比薩、肉類、海鮮類……等每一類別的銷售狀況。再依照每一類別所受歡迎的程度來做增減,以迎合顧客的需求。又例如季節變化時,開胃冷盤及開胃熱盤的銷售勢必有明顯的消長,然而餐廳多半不會因為進入冬季而將開胃冷盤的產品全數刪除,此時即可以利用銷售統計報表的開胃冷盤類別中,觀察並考慮某幾項銷售度較差的產品刪除,依舊保留較受歡迎的幾道開胃冷盤,以顧及菜單的完整性。

二、菜單修改

　　對於因應節令變化所做的商品調整是每一家餐廳必做的功課。不論是蔬菜水果類因季節因素造成產量的變化、甚至某些魚類也會因季節洋流的變化而有漁獲量的差異。此外,因為餐飲流行趨勢的改變而造成某些菜色大賣或是滯銷也是時有所聞,例如葡式蛋塔、牛奶麵包、加州料理、日式義大利麵、蒟蒻綠豆冰都曾有過程度不一的流行風潮,這些流行風潮都會對菜單上各個餐點的銷售情況有明顯的影響。透過銷售統計報表正確的數據,能幫助管理者精確了解餐廳的每一項菜色銷售的情形,有些菜色銷售量佳但是因為單價

銷售統計報表

低對於業績幫助不大；有些菜色也許銷售平平，但是因為毛利高對於食物成本及食材的流通性都有一定的幫助；也有些菜色雖然銷售量不大但是因為單價高，對於業績的貢獻度遠超過其他菜色。上述的各種情形都可能發生，也對於餐廳的營運有一定程度的幫助，似乎都有留在菜單上的必要性時，此時就有賴管理者針對餐廳的客群消費力、及餐廳本身的財務狀況或是餐廳的主題訴求，而有不同的做法。但是對於銷售差、成本高且單價低的菜色，儘速將其自菜單中刪除是無庸置疑的。多數餐廳甚至是麵包烘培業者，對於其銷售產品都會定期檢視，並設定產品刪除的標準。例如銷售量最差的20％的產品全數刪除，另行研發20％的新產品替補上市，待下次產品銷售檢討時再重新刪除銷售量最差的20％。以如此的方式持續將銷售數量差的產品替換，以迎合市場需求增加消費者的新選擇。

三、成本追蹤

　　成本追蹤可說是銷售統計報表的一項重要功能。當期末盤點或損益報表計算出來，發現某些餐點項目的食物成本不合理的偏高或偏低時，都可以利用銷售統計報表來做追蹤參考。以此的方式來追蹤食物成本，通常以可以計數單位的產品較為精確有效。例如啤酒以瓶為單位；蛋糕以塊為單位；明蝦、龍蝦以隻為單位；香煙以盒為單位；甚至有些餐廳有自營的商品部銷售馬克杯、T恤、棒球帽等，這些可以用「個」、「件」、「頂」為單位。上述這些產品與其他生鮮蔬果或肉類有著明顯的區隔。例如餐廳不會銷售半瓶啤酒、三分之二塊蛋糕或是四分之一件T恤，即使是龍蝦菜色也多半是半隻或一隻龍蝦為單位去製作一道菜。

　　以啤酒為例，假設某一餐廳三月份損益表上顯示，啤酒成本相對於過去的經驗有明顯偏高的情形，此時透過銷售統計報表對照餐廳的啤酒簽收單、餐廳現場的盤點表等相關資料，即可清楚算出啤酒的進銷存狀況。舉例如表3-5。

表 3-5　三月份啤酒進銷存統計表

	3/1 開店前期初存貨	3月份進貨	3/31 閉店後期末存貨	3月份實際消耗	銷售統計報表	差異
海尼根	5	48	11	42	42	－
百威啤酒	7	48	5	50	42	-8
台灣啤酒	18	72	23	67	67	－
麒麟啤酒	21	24	16	29	29	－

　　由以上數字可以發現百威啤酒 3 月份，在餐飲資訊系統上實際銷售為 42 瓶，也就是代表經由服務人員鍵入餐飲系統之後，再由吧台憑單提供百威啤酒的實際數量為 42 瓶，然而透過實際的盤點發現損耗了 50 瓶，之間產生了 8 瓶的誤差短少。

　　針對短少 8 瓶的情況發生的原因通常有以下幾種情形：

(一)漏單

　　餐廳現場營運忙碌，服務人員可能因為擔心客人久候又因有其他服務人員佔用 POS 機，於是商請吧台人員先提供啤酒給客人，並允諾稍後隨即補鍵入該項啤酒於餐飲系統中。但是可能在客人用完餐結帳前，服務人員未及補鍵入餐飲系統中或是遺忘此事，導致客人結帳時帳單上並未有此項啤酒產品列於其中，使客人短付餐費進而造成成本偏高。

(二)破損

　　餐廳內因人員不慎造成碰撞破損，使吧台必須重新再提供一瓶啤酒。

　　對於此種難免發生的情事，正確的做法應該是由服務人員再重新鍵入啤酒，如此才能確保吧台的實際出貨量與餐飲系統的銷售統

計報表相符。然而客人無須對於破損的啤酒付費，此時應再由現場主管以授權的密碼或磁卡將多出的啤酒從帳單中刪除。餐廳主管在刪除的過程中必須依照系統所提供的刪除原因做正確的選擇，以便在日後查閱「刪除作廢報表(Delete / Void Report)」或是「招待統計報表(Complimentary Report)」時，能清楚了解被刪除做廢的項目及原因。這些「原因」選項可以依照餐廳的需求做編輯修改，通常不外乎有『破損』、『點錯』、『溢點』、『顧客抱怨』、『品質不符』、『招待』、『行銷』、『系統測試』等項。值得一提的是上述這些原因可作為「有成本產生」及「無成本產生」的區隔。

　　「有成本產生」顧名思義就是雖然必須從帳單上扣除金額，但卻已經造成食物成本的產生。例如餐點不慎遭服務人員打翻、啤酒或易開罐飲料打開後卻發現服務員點錯已無法再放回冰箱、或是招待某些餐點給客人等等。這些情形都屬於客人無須付錢但是已經造成餐廳的成本產生，此時餐廳主管應以授權過的密碼或磁卡進入「招待」的功能，選擇適合的原因選項，將無須客人付帳的項目刪除。當然，既然成本已經產生，在銷售統計報表上亦會留下紀錄。

　　「無成本產生」也就是表示並未造成食物成本的負擔。例如系統測試前先通知廚房及吧台，無須理會某特定服務員或某特定桌號的餐點。因為屬於系統測試，廚房及吧台雖然收到印表機出單，但均未有任何食物及飲料製作，而此筆營業額也不可計入實際營業額中，因此待系統測試結束之後，餐廳主管需進入「刪除作廢功能」，原因選項則為「系統測試」。因為沒有產生成本，因此先前鍵入並刪除的項目並不會計入銷售統計報表中，而會計入「刪除作廢報表」中，並列出原因。

㈢偷竊、私自招待

　　餐廳偶有此類情況發生，為有效避免此類情況，餐廳主管應要求人員交接班時針對較易發生的項目，作抽查盤點並與銷售統計報

表作核對,晚間打烊時冰箱倉庫也應該上鎖。

㈣未確實驗收,造成進貨短缺

偶有發生因餐廳進貨時未能確實點交簽收,造成實際進貨數量短少於簽收數量。在此姑且不論廠商出貨為何短少或是途中遭人竊取,就餐廳立場應確實做好點交簽收貨單,即可避免短收的情況發生。

㈤調撥未記錄

餐廳部門之間調撥物料是常發生的情事,例如廚房師傅製作甜點或某些醬料時常會向吧台調撥咖啡酒、茴香酒、白蘭地、紅白酒或各式口味的調味酒或果汁。吧台人員應要求廚房人員就其所調撥領走的酒類及飲料填寫調撥單,以方便財務部門作成本的調撥,並可有效追蹤物料的去向。

四、產品業績貢獻度

閱讀銷售統計報表時,如果是以銷售數量作排序,則咖啡的銷售數量遠超過鵝肝醬、魚翅等高價菜色的數量,咖啡的排序順位自然也較前面。但是若是以營業額或是產品單價作排序時,鵝肝醬、魚翅等菜色則可能大幅領先咖啡等低價產品,這就是業績貢獻度的不同。在一定來客數的前提下,如欲創造更好的營業額,唯有從平均客單價來提升,適時的促銷單價較高的菜色則顯得更有效率。

五、幫助食材流通

餐廳多半會因應節令的變化或是特殊節日的到來,而修改菜單上的菜色。例如情人節時餐廳多半會設計情人套餐;每年東港鮪魚季時很多餐廳也會推出生魚片及相關的鮪魚料理;盛夏芒果盛產期時餐廳也會推出各式芒果沙拉、芒果醬汁的各色料理,甚至甜點或冰品。藉由銷售統計報表也一樣可以發現某些食材製作出的料理特

銷售統計報表

別受到青睞，此時主廚不妨利用這些特別受到青睞的食材另加開發其他一系列的菜色，不僅在食材的訂購上不會增加麻煩也可以幫助食材更有效率的流通，保持食材鮮美易於掌控物料品質。而特別節日的菜單亦可斟酌使用既有的食材來作變化，避免另訂購平日無用的食材，一旦節日過後剩餘的庫存造成食材處理不便、造成食物成本的浪費或庫存食材的資金壓力。

第四章

人事成本報表

　　在這個章節裡，要為讀者介紹解釋的是關於人事成本面向的探討。讀者可以在接下來的篇幅裡，參考國內外幾家著名的餐飲資訊系統所提列出來，關於人事考勤的打卡紀錄、基礎的人事成本統計歸納，以及如何利用有效的交叉訓練來使人力編組產生最大的經濟效益各部門班表規劃技巧。希望讀者能在讀完這個章節並融會貫通之後，對於餐廳的人事管理有更深一層的認識。

 第一節
人事成本管理的重要性

　　眾所皆知，餐廳的營業狀況會受到附近週邊商圈或主要客群的流動性、季節性而產生明顯的變化。例如百貨公司附近商圈的餐廳業者以及百貨公司內部的餐廳專櫃，會因為百貨公司的週年慶、年終慶、換季特賣，甚至是因為百貨公司舉辦會員卡來店禮等各式各樣的促銷活動，而明顯提高自己商場及周邊商圈的逛街購物人潮，進而帶動餐廳的生意。又例如位在學校週邊的商圈大至餐廳小至一般路邊攤賣泡沫紅茶、生煎包、炸雞排的小販，都會隨著學校的寒暑假而使得生意有明顯的影響；類似的例子同樣發生位在公車站牌附近的餐廳，因為捷運的通車使得站牌等候公車的人潮減少。例如台北公館附近，早年捷運新店線尚未通車前，多數上班族及學生都需在此轉搭其他往新店、木柵、景美方向的公車，如今可能直接在台北車站搭上捷運一路返家，少了在公館轉乘其他公車的時間與機會，自然對公館商圈的人潮數量以及人潮結構產生一定的改變；相對的，位在台北市忠孝東路的板南線終點站「昆陽站」，在捷運尚未通車前呈現的是一個老舊的社區商圈，自從捷運通車後許多住在南港、汐止甚至是東湖的通勤族，每天上班上學的通勤動線上，昆陽站成了他們搭乘公車及捷運的轉運點。乘客們必須在此由公車轉搭捷運或由捷運轉搭公車，從此附近商圈的機能性大幅提升，消費

活動也成倍數成長，連帶的使得附近店面房租上漲，而許多大型連鎖的通路業者及餐飲速食業，也即時的進駐了這個商圈，希望捷足先登爭搶商機。

　　然而餐廳業者會因應週遭或自發性的促銷活動來提升業績，或因應季節因素的變化來增加或減少食材的訂貨量及準備量，也就是說食材的準備製作仍具有相當的彈性。對於人力的需求，兼職時薪制的工讀生尚可依生意量的變化調整班表，以因應人力的需求，讓人事成本能夠發揮最大的效益。然而對於全職的餐廳服務人員，餐廳業主基於聘僱的合約及勞基法對於勞工的保障，並無法隨心所欲的進行資遣，而且不論業績的好壞，對於餐廳業主都是一筆固定的成本開銷。再換個角度思考，如果始終保持人力緊縮的狀態，一旦業績成長或遇到餐飲界的大日子時（例如耶誕節、情人節），往往會因為人力的不足而造成服務品質的下降，甚至失去提升業績的機會。即使臨時徵聘新進人員，也來不及給予完整的職前訓練，因此，餐廳因應自己的生意狀況、週邊地緣商圈的特性、餐廳服務技巧的難易特性，必須有自己一套的用人哲學。不論是在平日針對店內員工進行有計畫性的交叉訓練或是時薪工讀生及全職服務員的比例，都必須有完善的規劃，才能提供給顧客完美的用餐品質並保持員工的工作士氣。

打卡明細報表(Clock-In List Report)

一、報表介紹

　　表4-1是由國外一家著名的餐飲資訊系統所列印出來的打卡明細報表。每當有員工進行打卡上班或下班的動作時，印表機隨即會列印出該名員工的打卡明細報表。列印這張報表的用意是讓員工隨時了解自己出勤打卡的狀況，隨時做確認。針對這張報表的字面意義介紹如下：

1. 46 JACK：46代表的是這名員工的員工編號為46號，而JACK則是這名打卡員工的名字。

2. TIMECARD #14：這是JACK所列印出的第14次報表。這套系統會在員工進行打卡上班及下班時，自動列印給員工保存。讀者可以發現JACK自4月14日中午12:11打卡上班以來，至4月21日晚上9:04打卡下班，共計有7個工作天。而每一上班工作天都代表著一次打卡上班及一次的打卡下班，因此JACK共計進行了 14 次的打卡動作，也就是第 14 筆的紀錄。想當然，如果JACK在4月22上午上班打卡時，這張報表將會再次延伸並自動改為 TIMECARD#15。

3. PAGE1：讀者可以藉由這張報表的外型，不難察覺這張報表是以紙卷印表機所列印，就如同讀者前往一般便利商店購物所取得的發票一般，它是一整卷的紙張藉由機器所附掛的紙卷印表機所列印。正因為如此，電腦直接賦予 PAGE 1 的頁碼。但是，如果這家餐廳將印表機設定在一般辦公事務用的雷射或噴墨印表機列印時，則電腦會依據被設定的參數列印出 A4

人事成本報表

或其他尺寸紙張的報表，則由可能產生P.2、P.3等接續的頁碼。

4. 在此處，電腦簡單說明了報表主要內容，在每一欄的上方文字說明了下面欄位所代表的意義。例如 IN / OUT 在此指的是 clock in / clock out 也就是上班及下班的意義。TIME 在此指的是打卡上下班的時間及日期。而較特別的是最右邊的欄位#HRS DAY / PERIOD，其所指的是當次（天）上班的時數，以及併入先前的累計工作時數後，所計算出的最新累計的工作時數。

5. 在此處可以了解JACK的第一個工作天上班時間為 4 月 14 日中午 12:11，下班時間則是當日的晚間 9:06。中間的那一行『46 / 3030 AM..BUSSER』分別代表著員工編號 46 號；AM BUSSER 指的是JACK的工作職位是早班的餐務員；3030 則是這份工作職位的職務代號。

6. 可以了解 JACK 當天共計上班 8.91 小時，累計工作時數也是 8.91 小時。

7. 在此處可以了解 JACK 的第二個工作日 4 月 15 日共計工作了 9.27 小時，而累積的時數則為 18.18 小時（4 月 15 日 9.27 小時 加上 4 月 14 日 8.91 小時）。值得一提的是，餐飲資訊系統的時數計算為 10 進位，也就是說電腦會自動將不足一小時的分鐘數除以 60，以取得 10 進位制的時數。例如 15 分鐘，則計算方式應為 15 除以 60 得到 0.25，即為 0.25 小時。

假設 JACK 是一位利用課餘時間前來打工的學生，每個小時的薪資是 100 元，則 JACK 可以利用每日打卡下班所得到的這張報表，輕易並精準的知道他的累計工作時數，進而換算出他預期可以領到的薪資。截至 4 月 21 日下班為止，JACK 共計累積了 63.57 小時，也就是說在未扣勞健保及其他費用前，JACK 的累計薪資為 100 元 ×63.57 小時=$6,357 元。

二、優點

有了這張報表，員工可以每日確認他的工作時數及預期的薪資

收入，並了解自己的出勤狀況，例如遲到或早退的狀況，而如果遇有任何問題也能隨時與直屬主管進行確認。

表 4-1　打卡明細報表

1

46 JACK, JACK

2　TIMECARD # 14　　　PAGE 1　　3

4　IN/OUT　　TIME #HRS DAY/PERIOD

	1	IN	FRI	APR14	12:11PM
5			46/30 30	AM..BUSSER	
	1	OUT	FRI	APR14	09:06PM
			46	8.91/8.91	6
	2	IN	SAT	APR15	11:58AM
			46/30 30	AM..BUSSER	
	2	OUT	SAT	APR15	09:14PM
			46	9.27/18.18	7
	3	IN	SUN	APR16	11:55AM
			46/30 30	AM..BUSSER	
	3	OUT	SUN	APR16	09:16PM
			46	9.36/27.54	
	4	IN	MON	APR17	11:58AM
			46/30 30	AM..BUSSER	
	4	OUT	MON	APR17	08:59PM
			46	9.02/36.56	
	5	IN	TUE	APR18	11:52AM
			46/30 30	AM..BUSSER	
	5	OUT	TUE	APR18	08:42PM
			46	8.83/45.39	
	6	IN	THU	APR20	11:58AM
			46/30 30	AM..BUSSER	
	6	OUT	THU	APR20	08:56PM
			46	8.57/54.36	
	7	IN	FRI	APR21	11:52AM
			46/30 30	AM..BUSSER	
	7	OUT	FRI	APR21	0904:PM
			46	9.21/63.57	

人事成本報表

服勤人力報表(Clock-In Status Report)

服勤人力報表（表 4-2），與打卡明細報表出自同一餐飲管理資訊系統。經過適當授權的主管鍵入密碼或刷過電腦磁卡後，即可隨時列印本張報表。主要的內容是詳細列印出目前正處於打卡上班狀態的全部員工名單及相關的資料，例如姓名、當天員工的上班打卡時間、職務代號、職務名稱等等。以下先針對本張報表的內容做說明如下：

一、報表介紹

1. 列印本張報表的日期時間。
2. PAGE1——本張報表的頁碼。請參閱表 4-1 的第 3.點對於頁碼的說明。
3. 員工編號及姓名。
4. 上班打卡日期及時間。
5. 職務代號及職務名稱。

二、列印時機

通常餐廳現場主管列印本張報表大致可分為三個時機：

(一)上班時間開始之際

大面積的餐廳、山區露天的茶莊、土雞城或是包廂式的KTV，餐廳的現場值班主管若不事先規劃實施集合點名，則多半不容易在上班時間開始之際清楚掌握應上班人員的出勤狀況。透過此套餐飲管理資訊系統所提供的這項功能，值班主管只需在任何一台POS機或主機列印出這張報表，就能立即得知人員的出勤狀況。

餐飲管理
資訊系統

(二)用餐尖峰時段過後

由於多數的餐廳採用大量的時薪制工讀生擔任餐廳的服務人員。因此，每一分鐘的人力都代表這每一分鐘的人事成本在發生。為有效控管人事成本，當一個餐廳的尖峰時間過後，餐廳主管即可依照現場後續的人力需求，進行人力的調整。此時，某些工讀生可能應值班主管的要求，在完成一階段工作後提前下班。我們稱此種人員管制措施為 OTLE（Option To Leave Early—選擇性的提前下班），或有些主管直接簡稱 CUT。

當現場值班主管宣佈某些工作人員先行OTLE下班之後，即可在適當時機列印此張報表以確認該名員工是否已經打卡下班，而該員工即不應再出現在這張報表上！

(三)晚間餐廳打烊之後

每天晚上餐聽打烊後，值班主管在離開餐廳之前必須再三確認所有關店的標準程序皆已完成，此時所有員工應該是已經完成打卡下班的動作並且離開餐廳。餐廳主管此時如果列印本張報表應該是出現 No Clock In Data Found（未發現打卡上班資料）的訊息。如果仍有員工的服勤資料列於本張報表，則表示該名員工下班離去時並未依規定完成打卡動作，電腦會認定這名員工仍處於上班服勤的狀態，進而繼續累積其工作時數，連帶影響薪資計算作業。值班主管如果發現有此情況產生時，可以利用其經授權的密碼或電腦磁卡，為這名仍處於上班狀態的員工進行打卡下班的動作，並即刻調整其打卡下班時間以避免電腦資料失真。

人事成本報表

表 4-2　服勤人力報表

```
                CLOCK  IN  STATUS  REPORT
APR21´00  09:46PM                           PAGE  1

        1        NY  TSAI, TONY
                 WED  JAN26 07:18PM
                 2020  AM..W/W

        2        FION  WEN, FION
                 FRI  ARPR21  05:18PM
                 2021  PM..W/W

        4        SHERRY, SHERRY
                 WED  MAR29  06:57AM
                 2020  AM..W/W

        5        FEIN,  FEIN
                 FRI APR21 09:21AM
                 2020  AM..W/W

       17        ALBERT,  ALBERT
                 FRI  APR21 05:43PM
                 2021  PM..W/W

       18        VICENT,  VICENT
                 FRI  APR21 05:34PM
                 2021  PM..W/W

       20        GRACE,  GRACE
                 FRI APR21  05:30PM
                 2020  PM..W/W

       22        CYNTHIA, CYNTHIA
                 FRI  APR21  05:06PM
                 2021  PM..W/W

       24        FRANSIC,  FRANSIC
                 FRI  APR21 05:20PM
                 2021  PM..W/W

       26        MELODY,  MELODY
                 THU   APR21  10:54AM
                 2020  AM..W/W

       33        MING CHI,  MING CHI
                 FRI APR21 11:48AM
                 3030  AM..BUSSER

       41        PM DISHWASHER, PM  DISH
                 FRI APR21 05:29PM
                 3030  AM..BUSSER
```

1

2

3

4

5

部門人事成本報表(表 4-3)

餐飲業是屬於一個勞力密集的產業，不像製造業可以不斷地改善以機械化自動生產的方式，取代過去聘用大量作業員在生產線上的人工生產畫面。機械化自動生產除了品質穩定、良率高、生產快速的特點之外，另一個好處是省去了人力管理上的複雜性。特別是現在勞工意識抬頭、勞工福利不斷向上調整的年代，聘僱勞工對於業主確實有成本上漲及管理上的壓力。

然而，餐飲業不只是一個販售餐點的簡單商業行為，它仍需藉由服務、裝潢、飲食特色等等其他有形或無形的附加價值加諸於餐點上，使顧客除了得到最基本的餐點之外，能仍藉由這些附加商品的價值，來滿足成就一個完美的用餐經驗。然而，在這過程中，除了硬體裝潢之外，氣氛的營造及貼心的用餐服務就有賴訓練有素且專業的餐飲服務人員來執行。也因此，餐廳服務人員的基本餐飲服務訓練、資深服務人員的交叉訓練，以及每一位服務人員所能創造出的生產力就成了餐廳主管在人事管理上必須多著墨、多下工夫的一項工作。

一、報表介紹

本張報表的主要功能是在為人事成本做最即時的統計，進而計算出餐廳人事成本相較於營業額的生產力指數，以及每小時生產的營業額，此將有助於餐廳的主管做最即時的人力修正與調整。這張報表的字面意義介紹如下：

1. 此處所指的為報表統計的時段起訖時間為 2003 年 4 月 28 日上午 7:00 至晚間 23:07 分止。其中晚間的 23:07 分為當天員工打卡下班後由主管經過授權的磁卡或密碼進入系統，所列印這張

報表的時間。為求有效的掌握當日的實際人事成本，管理者必須在所有員工打卡下班後列印才能得到最正確的數據。

而主管也必須事先在餐飲資訊系統內輸入每一位員工的每小時時薪，如此電腦方可藉由員工打卡上下班的時間，自動依照預先被設定的員工時薪（每人可以依工作表現及年資而有所不同），計算並統計全部門所發生的實際人事成本。

2. 職務代號及職務名稱。例如 2020 代表的是 AM W/W，指的是早班的服務人員。W/W 為 Waiter/ Waitress 的縮寫。2021 PM W/W 指的則是晚班的服務人員。

3. REG(REGULAR)代表的是正常的時數與薪資。OVT(OVERTIME)指的則是加班的時數與薪資。透過班表的預先輸入，當員工的打卡下班時間已經超過預定的下班時間時，系統會將多出的時數計入加班時數中，並可依照餐廳預先設定的加班費計算方式，自動計算實際的薪資金額。

4. 為當日全體早班服務人員累計的工作時數。

5. 為當日全體早班服務人員累計的薪資總額。系統會逐一為每一位早班服務人員計算當日的工作時數，並且依照每一位薪資的不同計算出個別的薪資額，進而累計全部人的薪資額。

6. TTL(TOTAL)指的是正常的時數薪資與加班部分的時數薪資作加總。

7. 當日早班全體服務人員的工作時數相對於當天全天各部門工作總時數的百分比。

8. 當日早班全體服務人員的薪資金額相對於當天全天各部門薪資總金額的百分比。

表 4-3 部門人事成本報表

CURRENT FROM APR28 03´ 07:00AM

APR28 03´ 23:07PM X0330 PAGE 1 — 1

		HOURS	PAY
5 PREP	REG	8.21	821
3	OVT	0	0
	TTL	8.21	821
		4.66%	4.26%
10 LINE	REG	33.49	3684
	OVT	0	0
	TTL	33.49	3684
		19.02%	19.09%
15 DISH	REG	24.2	2420
	OVT	0	0
	TTL	24.2	2420
		13.74%	12.54%
70 STEWARD	REG	8.2	1148
	OVT	0	0
	TTL	8.2	1148
		4.66%	5.95%
2020 AM W/W	REG	34.52	3452
	OVT	0	0
	TTL	34.52	3452
		19.60%	17.89%
2021 PM W/W	REG	41.96	4196
	OVT	0	0
	TTL	41.96	4196
		23.83%	21.75%
2500 AM BAR	REG	7.4	1110
	OVT	0	0
	TTL	7.4	1110
		4.20%	5.73%
2501 PM BAR	REG	13.9	2085
	OVT	0	0
	TTL	13.9	2085
		7.89%	10.81%
3030 AM TRNG	REG	0	0
	OVT	0	0
	TTL	0	0
		0%	0%
3031 PM TRNG	REG	4.2	378
	OVT	0	0
	TTL	4.2	378
		2.39%	
TTL		176.08	

2 4 5 6 7 8

053

人事成本報表

二、生產力計算

(一)每小時工時生產力(HOURLY PRODUCTIVITY)

有了這張報表，餐廳主管可以以當日的營業額除以當日的外場服務人員的工作時數，得到每小時可生產多少營業額的參考數據，我們稱之為每小時工時生產力。

$$\frac{\text{早班營業額}}{\text{早班服務人員的全部工作時數}} = \$ \text{營業額} / \text{小時}$$

$$\frac{\text{晚班營業額}}{\text{晚班服務人員的全部工作時數}} = \$ \text{營業額} / \text{小時}$$

$$\frac{\text{全日營業額}}{\text{全日服務人員的全部工作時數}} = \$ \text{營業額} / \text{小時}$$

(二)薪資生產力(LABOR DOLLAR PRODUCTIVITY)

餐廳主管也可以將當日的營業額除以當日的外場服務人員薪資，得到每一元的人事成本可生產多少營業額的參考數據，稱為薪資生產力。

$$\frac{\text{全日營業額}}{\text{全日服務人員的全部薪資}} = \$ \text{營業額} / \text{薪資（元）}$$

$$\frac{\text{晚餐營業額}}{\text{晚餐服務人員的全部薪資}} = \$ \text{營業額} / \text{薪資（元）}$$

$$\frac{\text{午餐營業額}}{\text{午餐服務人員的全部薪資}} = \$ \text{營業額} / \text{薪資（元）}$$

配合上述人事生產力的觀念後，餐廳主管的首要之務就是如何安排適當的人力，使每一位員工都能發揮出最大的生產力。藉由過往的業績報表（例如去年同期、上月同期、上週同期），另再加入最新的環境因素，例如餐廳週邊商圈的活動變化，自我競爭力（價

格、產品、重新裝潢、促銷活動）的變化，訂定出下一階段的預估營業額。秉持著目標導向的方針，餐廳主管可預先訂出人事成本的百分比，藉由這個百分比的數字去推演實際可應用的人事預算以及可用的人力時數。依照這個原理，如果餐廳確實達到了營業目標的要求，人事成本的掌控自然能如預期地落在預先設定的百分點上。

例如

揚智餐廳每位外場服務人員的時薪皆為 100 元，而下月的預期營業目標經過推估為 100 萬元，並且設定外場服務人員的薪資百分比為 12％，則可得知下個月外場服務人員的薪資預算、全月可用時數及每週可用時數等重要數據，進而排出一份符合這些預估時數的班表。

$1,000,000 × 12% = $120,000　　下月全月外場人員薪資預算

$120,000 / $100 = 1,200 小時　　下月全月外場人員可用時數

1,200 小時 / 4 週 = 300 小時　　下月外場人員每週可用時數

　　有了上述的參考數據，接著餐廳主管即可依照每日的營業需求排出一張每週總計 300 小時的班表。如表 4-4。

　　由表 4-4 中，可以發現每天所需的人次與每一人次的工作時數。餐廳主管只要依據這個模式及員工可上班的時間，就可以套入員工的姓名在班表中，以完成一張符合營業額預估為 100 萬，人事成本為 12％的班表。讀者另可依照表 4-4 的班表，繪出一張人力配置圖如表 4-5。讀者可以從表 4-5 當中看出第一列代表著上午 9 點鐘至凌晨零點鐘每一個鐘頭的人力配置與變化，它正好與餐廳的營運曲線（用餐尖峰時間）成正比。如此也能適切的掌握生產力的變化。當然在這張班表中不難發現，其實只有那二位上班時間為中午 12 點鐘至晚間 8 點鐘的員工為上滿 8 小時的員工，亦即表示這二位員工可以考慮聘僱正職月薪人員，他們除了上班時數較長並且橫跨午餐時段、下午茶時段以及晚餐的尖峰時段，可以說是餐廳外場服

務人員的重心所在。至於上午十點鐘進場上班進行開店前準備工作、餐廳用餐尖峰時間的人力補強，以及後續的打烊工作均可藉由聘僱時薪制的工讀生來補齊這些人力空缺，以維護餐廳營運上的需求及服務品質，並且兼顧人事成本的控管達到較高的人事生產力。

表 4-4　　大班表

	一	二	三	四	五	六	日	總計
	10-14(4)	10-14(4)	10-14(4)	10-14(4)	10-14(4)	10-14(4)	10-14(4)	
	10-14(4)	10-14(4)	10-14(4)	10-14(4)	10-14(4)	10-14(4)	10-14(4	
	12-20(8)	12-20(8)	12-20(8)	12-20(8)	12-20(8)	12-20(8)	12-20(8)	
	12-20(8)	12-20(8)	12-20(8)	12-20(8)	12-20(8)	12-20(8)	12-20(8)	
	17-22(5)	17-22(5)	17-22(5)	17-22(5)	17-22(5)	17-22(5)	17-22(5)	
	17-23(6)	17-23(6)	17-22(5)	17-22(5)	17-22(5)	17-22(5)	17-22(5)	
			17-23(6)	17-23(6)	17-22(5)	17-22(5)	17-22(5)	
					17-23(6)	17-23(6)	17-23(6)	
小計時數	35	35	40	40	50	50	50	300

表 4-5　班表圖

9	10	11	12	13	14	15	16	17	18	19	20	21	22	23	24
	1		1												
	2		2												
			3		1			1							
			4		2			2							
								3			1				
								4			2		1		
			午餐尖峰時段					晚餐尖峰時段							
	1		1												
	2		2												
			3		1										
			4		2		1	1							
			5		3		2	2							
								3			1				
								4			2				
								5			3		1		
								6			4		2		

人事成本報表

057

CHAPTER 4

第五節 人事成本管理

　　餐廳主管在有了上述關於人事考勤及成本的報表之後，再加上財務部門每週或每月所實際精算的人事薪資成本後，即可清楚了解實際的人事成本以及與預估的人事成本之間的差異，並進而去檢討其中原因並做適當的改善。

　　然而，餐廳畢竟是一種店頭生意，再多的歷史資料做推演或再多的周邊商圈調查做預估的判斷，也只是在求最精準的預估，而無法做出100%的正確預測。因此，彈性的人事結構及餐廳營運當時臨場的人力調度，就成了有效控制人事成本的重要因素。良好的規劃與調度不僅能有效控制不當的人事成本浪費，也能兼顧餐廳的服務品質及員工工作士氣。以下僅就人事成本管理做幾項要點的探討：

一、交叉訓練(Cross Training)

(一)意義

　　交叉訓練是一種利用員工職務上的輪調，使之學習不同職務的工作內容，進而提升員工素質、士氣及價值的一種人事訓練制度。透過深度執行店內員工的交叉訓練，不僅能讓員工發揮一加一大於二的效果之外，也能提振員工的素質與工作士氣，並且在人力窘迫的時候更能發揮團隊合作的潛力。

　　交叉訓練能讓主管以最少的員工人數也就是最低的人事成本來保持餐廳的正常營運。同時，員工也能因為不斷的接受新的工作職務訓練而有所成長，避免長期重複相同的工作內容，而產生工作倦怠。不但影響團隊的士氣，也影響了工作的品質。

(二)報表運用

　　餐廳主管不妨就其所帶領的員工團隊，進行有計畫的交叉訓

練。首先先製作一張表格，將全部門所有員工及其可擔任的職務做排列組合，即可立即看出每一工作職缺的員工人數及姓名，以及每一員工所能擔任的職務，再評估每一工作職缺所需儲備的員工人數，進行交叉比對之後即可知道下一步所必須進行的交叉訓練，應著重在哪些特定的員工或是哪些工作職務上。

　　表4-6的範例是某家美式餐廳廚房部門，針對廚房員工及該餐廳廚房職務上的分配所製作出的一張人力檢視表格。首先在第一列中清楚標示出該餐廳廚房設置有窗口控菜、碳烤、油炸、煎炒、冷盤、以及出菜品管等六個工作職務；而第一欄為全體廚房員工的姓名。接著讀者可以就每一工作職務欄往下檢視，即可立即明瞭可勝任這個工作職務的員工有哪些人？共有幾人？或者，讀者亦可在每一列中輕易掌握每一位員工所能勝任的工作職務有哪些？以這張表格為例，可以輕易了解這家餐廳的廚房經理確實落實了交叉訓練的制度，因為 Patrick, Polly, Amanda 等三名員工均受過良好的交叉訓練，使他們能在廚房的六項工作職務中勝任其中的四項，屬於頂尖的一群員工。然而 Daniel, Jenny, Tom, Stephani, Rex, Leo, 以及 Gino 則屬於較弱的一群員工，因為他們僅能勝任一個工作職務。

　　假設在某一天的營業日，如果這家餐廳有一名員工因事無法上班而臨時請假，此時當天上班的其他員工若都是屬於較資淺且未受過其他工作職務交叉訓練的一群員工，則很可能會發生無人可以替補請假員工的工作職務。反之，若當天上班的其他員工有其中幾位是屬於資深且受過其他工作職務訓練的員工，則值班主管即可輕易的調度使每一工作職務均能立即有人填補空缺，不致影響營運順暢度。先將工作職務彈性小的員工進行當天職務的調整使每一位資淺的員工都能勝任他被分配到的工作，最後剩下的工作職務則由這些資深且受過完整交叉訓練的員工來填補，因為他們的可工作職務較多，不致發生無法勝任的情況。

　　此外，在這張表格下方二列分別標示出每一工作職務現有的儲

人事成本報表

備人力(On Hand)、該工作職務的建議儲備人力(Par)以及其中的差距(Difference)。例如煎炒的職務必須儲備4名員工能夠勝任這個職務,而實際能勝任此項職務的員工則多達7名,屬於高度人力儲備的職務,反之油炸區的勝任員工數3名小於人力儲備的需求4名,也就表示油炸職務仍有賴進行交叉訓練以填補安全儲備人數的空缺。而接受這項職務交叉訓練的員工自然優先考慮 Daniel, Jenny, Stephani, Rex, Leo 等較資淺且無法勝任此職務的員工。

表 4-6 廚房工作站及人力一覽表

NAME	窗口控菜	碳烤	油炸	煎炒	冷盤	品管出菜
Daniel		*				
Allen	*	*	*			
Anna	*	*		*		
Amy				*	*	*
Jenny					*	
Tom			*			
Patrick	*			*	*	*
Polly	*			*	*	*
Stephani				*		
Amanda	*	*		*	*	*
Rex		*				
Carol	*				*	*
Rachel				*	*	*
Leo		*				
Gino			*			
On Hand	6	6	3	7	6	6
Par	4	4	4	4	4	3
Difference	+2	+2	-1	+3	+2	+3

餐飲管理
資訊系統

二、兼職人員及工讀生的工作調整

(一)選擇性提前下班(OTLE—Option To Leave Early)

OTLE制度是餐廳值班主管於當天營業狀況不及預期時,針對時薪制的兼職人員進行人力縮編調節,以節省人力開銷的一種權宜措施。當遇上天候或即時性無法解釋的原因造成當日餐廳業績不如預期時,就會造成樓面上有過剩的人力。然而,通常發生此種情況時多數員工並未能給予更好的餐飲服務,反而是群聚聊天甚至因為過多的閒置人力站在樓面上造成用餐顧客的無形壓力,此時值班主管即能依其個人的判斷,決定先行讓時薪制的兼職人員下班。一來可節省人事成本,二來則可以提高其他人的生產力。當然,就如同上述交叉訓練段落所提,愈能勝任各種不同職務的員工,愈有機會能留下來繼續服勤,因為它們的工作能力多半較強又較能勝任多種的工作,來因應人力縮編後可能發生的各種營業上的狀況。

(二)備勤班(On Call Shift)

備勤班制度乃是針對時薪制的兼職員工,在安排班表時除了上班及休假日之外的另一種選擇。當員工當天被排定為備勤班時,即表示員工屬於備勤的狀態,必須在指定的時間打電話到餐廳詢問值班主管,當日是否需要到餐廳來上班。而值班主管依當天的訂位狀況及事先排定的人力,來決定是否徵召備勤班的人員到店上班。例如下午四點鐘打電話向值班主管詢問,如果必須到店上班則必須在下午六點鐘打卡上班。

2003年春季SARS疫情肆虐時造成餐飲業業績巨幅下滑,餐廳為兼顧人事成本及服務品質,在人力班表上的安排可說是絞盡腦汁,期能將每一分的人事成本發揮最大的生產力。除了OTLE制度的施行外,備勤班的安排也不失為一個選擇。訂位客人比重愈大的餐廳愈適合備勤班制度的建立,反之若多數的用餐客人均無事先預

人事成本報表

約訂位習慣(Walk In)的餐廳，則備勤班的效益也較小。因為當用餐的尖峰時間陸續湧進無訂位的用餐客人時，此時在徵召備勤班人員前來上班應已為時已晚。

(三)工讀生聘用的注意事項

工讀生因為時間彈性、且採計時計薪的方式賺取酬勞，對於多數的餐廳而言是人力結構上的主力。然而工讀生也會因為自身的經濟情況、課業壓力、課表安排、社團活動或是家庭因素，而有不同的工作時間或班次的限制或需求。因此在決定招募工讀生時，餐廳主管必須檢視所有員工的可上班時間，找出人力最單薄的某些特定時段，在招募新進員工（工讀生）時，就必須確定能夠填補這些時段，避免人力上的供需失調。

另外，如果所招募的所有工讀生都是屬於上班時間配合度高，且有高度的經濟需求時，則可能會發生淡季或星期一等業績較弱的時段，有些人無班可上而造成搶班的情況。相對的，如果所招募的所有工讀生都是屬於上班時間配合度低且無經濟需求時，純屬玩票性質的員工時，就可能發生週末或是特定節日需要大量人力服勤卻沒人願意上班的窘境。

為避免上述的情況發生，每家餐廳需依照週邊商圈、淡旺季時段業績的落差幅度，來決定經濟高度需求與低度需求的工讀生招募的比例。如此在淡季時，這些經濟高度需求的員工即能滿足營運的需求，而在假日或其他旺季時，低經濟需求的工讀生正好可以彌補人力上的空缺。

另外必須在此一提的是勞健保等相關員工人事成本的掌控與工讀生人數的微妙關係。依據勞基法規定雇主必須為員工（含工讀生）辦理勞保的規定，而員工亦有權利選擇在其工作職場中加入健保。因此如果不當招募了過多的工讀生則會連帶造成雇主在勞健保部分負擔的成本壓力。在此建議招募工讀生時即能達成協議每週基

本的工作班次以避免招募過多的低經濟需求、上班班次稀少的員工。一來可以節省雇主對於員工勞健保負擔的壓力外、較密集的工作也較容易熟能生巧，提高自身的工作品質。

三、正職／兼職人員的比例

餐廳依據其自身的型態、服務技巧的難易、目標客群的定位、以及餐廳品牌形象的不同，對於正職服務人員與兼職計時職人員（例如工讀生）間的人數比例也有不同的需求。多數飯店的宴會廳每逢假日多有結婚喜宴的訂席，然而平日時段客人多半寥寥無幾，甚至不開放營業，以節省成本。 對於此類型的餐廳，平日與假日的業績可說是有天壤之別，如果僱用過多正職人員，則可能會發生平日零生產力，假日卻又無法應付營運需求的窘境。因此這類大型的宴會餐廳，多半與工讀生保持聯繫，甚至透過學校餐飲科系的幫忙，安排學生假日打工或實習來填補人力。然而，此種人力招募模式多半影響服務品質，員工對於餐廳的作業流程、甚至工作環境的熟悉度都有不全之處，但對於結婚喜宴這種菜單已訂、客人鮮有特殊需求的場合，尚可勉強應付。

但是對於同樣位處於五星級飯店內的高級餐廳或市場上定位較高的獨立餐廳、會員俱樂部而言，維持適當比例的全職人員是有其必要性的。雖然這些全職的服務人員採固定薪資外加獎金制度，會直接造成餐廳的人事固定成本，但是因為這類餐廳多半有其固定的忠實顧客，且客層較整齊屬於消費力高、收入高、教育水準多半也較高的社會中產階級人士或一定職等以上的白領階級。成熟穩重、談吐適宜懂得應對進退、餐飲服務技巧及專業度均屬上乘的全職人員絕對會是餐廳公關的第一線人員，同時也可能是銷售高手可以幫助餐廳業績的提升。這類員工可以隨意說出多位常客的姓名、職務、外型特徵、用餐習性喜好等等，並與客人建立一定的情誼，讓客人來到餐廳用餐更有賓至如歸的感覺。

人事成本報表

四、定期考核

　　透過定期的考核，例如筆試、口試、操作實測及對談，來確認員工的工作表現、士氣以及想法，對於整體團隊的工作表現有絕對的助益。一來可以避免魚目混珠的員工隱藏在整個團隊中，二來可以透過定期的對談了解員工的想法，視需要調整假期、職務、薪資或是升遷以保持員工的最佳戰力。制度化的定期考核可以避免劣幣驅逐良幣的情況發生，讓整體團隊更顯團結更有工作默契。(考核表請參閱表 4-7～4-9)。

五、考核表填寫說明

㈠考核項目

　　分為 A、B、C 三類，每一類再分為若干細項。

㈡評分

1. 每一考核項目皆為五等評量——
   * 不　滿　意　　　　1 分
   * 需要改進　　　　　2 分
   * 滿　　　意　　　　3 分
   * 優　　　良　　　　4 分
   * 傑　　　出　　　　5 分
2. 根據考核項目逐項面談。評核時，請在考核項目後之評分欄內打✓。

㈢分類總分

　　考核者須自行計分，將分類各項得分加總，乘以規定比例後，填寫於各項之得分欄。

表 4-7　員工績效考核表

門市：	員工姓名：	到職日期：
原本薪資：	異動後薪資：	調薪生效日：

累計工作時數：

工作站	飲料	水槽	外場	湯／燴品	爐灶／炸鍋	食物準備	櫃台／收銀	盤飾
考核成績								

		1需改變	2需加強	3良好	4優良	5卓越	得分
儀容	保持整潔的外表	懶散和不梳理儀容，外表很不標準	有時儀容不標準和懶散沒有笑容	上班時會保持整潔的儀容	除少數時機皆保持整潔的儀容及精神且有笑容	自始至終保持整潔充滿精神與笑容	
	保持良好的顧客關係	不知顧客的需求，不理客人甚至會和客人爭吵	在一些特殊的原因下和客人爭吵	能反應客人的期望和需求	除了少數時機皆能達到顧客的期望和需求	能達到顧客的期望和需求，並能示範高標準的服務態度	
工作標準	出缺勤及準時上工作站	無故請假一直都是低出勤率及延遲上站	不能準時上班或上站及未能改善遲到習慣	除了特殊原因都能準時上班	除了特殊原因都能準時上班有時並能加班或代班	全勤及樂意幫助公司加班	
	工作品質	必須一直追蹤和指導很少能正確完成交辦工作	大部份時間仍須別人幫忙工作品質不太穩定	只需少數指導大部份工作表現皆符合標準	不需被指導除少數時間皆保持高工作水準	能達成高水準的工作品質並指導他人	
	和主管的合作	被指派不喜歡的工作時會抱怨時常反駁和考慮主管的要求	有時抱怨和考慮主管的要求	當主管要求時能主動應允並盡力配合	經常不被要求就能主動協助並提供建議性問題給主管	不需要求就能提供協助並主動注意主管注意的資訊	
	和同事的合作	除非主管的要求否則不會幫同事	有時仍需主管的要求才會幫同事	時常幫助同事並偶爾表現團隊合作	時常了解同事的需求在同事提出需求時能主動幫助	一直都了解他人的需求和提供訓練並能帶領團隊合作	

得分		÷30 ＝	％

60%以下	不調薪
60%~80%	調幅 3 元
81%~90%	調幅 5 元
91%~100%	調幅 7 元

員工簽名：　　　　　　　　　　　　　　　　　　　店經理簽名：

人事成本報表

表 4-8　揚智餐廳考核表

＿＿月＿＿日　星期＿＿＿＿

值班經理：＿＿＿＿＿＿＿＿＿＿＿＿＿＿＿＿＿

顧客桌數：＿＿＿＿＿＿＿＿＿＿＿＿＿＿＿＿＿

1. 服務　　　　　　　　　　　　　　　　　　30%		評分	得分
藉由友善及迅速的服務使顧客滿意			
·制服、頭髮、名牌	6		
·招呼聲、親切笑容	8		
·引導顧客入座協助顧客點餐	4		
·建議性銷售（以促銷產品為優先）	5		
·確定顧客餐點有無遺漏	4		
·總結金額（請慢用、謝謝光臨）	4		
·產品認識／行銷活動了解	6		
·工作站的主要及次要工作了解	5		
·團隊合作精神	4		
·有效的分配員工以達成業績及顧客滿意	4		
2. 清潔　　　　　　　　　　　　　　　　　　20%			
維護顧客的用餐區域及我們的工作表現			
·騎樓是否乾爽、清潔	2		
·玻璃門及鏡子是否清潔	2		
·海報及促銷標示是否清潔、擺設正確	2		
·植物盆栽內沒有垃圾，騎樓花圃是否整潔	2		
·地面、櫃檯玻璃是否清潔	2		
·桌椅是否就定位、清潔，壁畫是否清潔、整齊	2		
·照明設備是否清潔、正常	1		
·餐具置放檯是否乾淨，餐具是否清潔、充足	4		
·餐廳內是否有蚊蠅	4		
·餐盤及托盤是否清潔、乾爽	2		
·廁所的清潔、衛生、香味	2		
·舞台區／包廂區地毯是否清潔	2		
·戶外區桌椅／遮洋傘是否就定位	1		
各工作站：隨手清潔			
·收銀及其四周	1		
·飲料區／加熱區（檯面、飲料機、擺設、清潔）	2		
·冷藏／冷凍冰箱（檯面、裡面、整齊、盒子加蓋）	2		
·廚房(地面、垃圾處理)	2		
·使用正確的抹布及清潔	2		
·小型器具（杯／盤／碗／刀／叉）是否清潔	2		
·各項設備清潔（制冰機／咖啡機／攪拌機／磨豆機／冷藏／冷凍冰箱）	4		

餐飲管理
資訊系統

時間＿＿＿＿～＿＿＿＿　　　店名：＿＿＿＿＿＿＿＿＿

上班服務員區域配置人數：＿＿＿＿＿＿＿＿

・垃圾筒是否清潔	1	
・飲料吧（銅條／大理石桌面／地面／擺設／展示架）	2	
・飲料吧檯面各工作站是否乾淨	2	
3.品質	**30%**	
品質的保證指的是確保產品外觀、新鮮度、先進先出及 準備過程皆於保鮮時間內		
・甜點類（顏色、規格）	4	
・生鮮食品（顏色、規格）	6	
・食物成品及沙拉（新鮮度、擺飾）	6	
・醬料的充足及品質	4	
・生產區半成品（新鮮度／有效期）	4	
・飲料類（正確擺飾、顏色、規格）	6	
・湯區（品質／溫度／新鮮度）	4	
・產品：充足、外觀、先進先出	6	
・依照衛生標準處理食物	2	
・生鮮食品及準備產品皆於保鮮時間內	4	
・加熱區、湯區的溫度是否正確	4	
4.營運操作流程	**20%**	
(A)服務流程		
・主餐／甜點份量是否正確	4	
・配料份量是否正確	2	
・湯的份量是否正確	2	
・提拉米蘇／蛋糕及面包是否切制正確	2	
・正確的服務流程（內用）	2	
・正確的服務流程（外帶）	2	
・走動路線圖	4	
(B)生產流程		
・烤箱／炸鍋／微波爐（正確溫度/時間）	6	
(C)食物準備流程		
・生鮮食品（標示時間日期）	6	
・廚區半成品及熱咖啡（標示時間日期）	6	
・是否依照衛生標準準備食物	4	
（使用正確器具及手套）	2	
其他：音響音量是否適中	2	
電視頻道是否正確	2	

人事成本報表

表 4-9　年度一般人員考績表

| 姓　　名：＿＿＿＿＿ 職　　稱：＿＿＿＿＿ 到　職　日：＿＿＿＿ | | | | | | | |
| 服務部明：＿＿＿＿＿ 職　　等：＿＿＿＿ | | | | | | | |

項目	區分		各項考核之觀察點及所涵蓋內容	不滿意 1	需要改進 2	滿意 3	優良 4	傑出 5
A	工作績效	1	就工作之生產量而言					
		2	就工作之品質而言					
		3	就接受職掌外之工作態度而言					
		4	就獨立作業而言					
	A1～A4之得分為：　　　　／20＊50＝　　　　分　（佔50%）							
B	本職工作綜合考量	1	對本職工作上之認知度					
		2	在各項工作上的吸收能力					
		3	對工作優先順序的判斷力					
		4	在掌握完成工作的時效性					
		5	對公司既定政策之配合及服從性					
		6	與其他同仁相處及協調溝通力					
		7	對工作上之自動自發及負責態度					
		8	對份外工作之主動參與及協辦性					
	B1～B8之得分為：　　　　／40＊30＝　　　　分　（佔30%）							
C	個人特質	1	親和力及敬業樂群方面					
		2	出、缺勤及請假方面					
		3	與同事之相處及互助性					
		4	對事情之表達及溝通能力					
		5	遇狀況發生時之應變力					
		6	服裝儀容及應對進退之合宜性					
	C1～C6之得分為：　　　　／30＊20＝　　　　分　（佔20%）							

潛在力及未來之發展性：

優　　點：

缺　　點：

考核者建議應加強及注意事項：

考核人員簽名		考核日期	
核定人員簽名		核定日期	

被考核者意見：

　　　　　　　　　　　　簽名：＿＿＿＿＿＿＿

以下欄位僅限人事部門填寫

本（　）年度考評總分為：	調幅為：　　　　%	調薪為：　　　　元
目前薪資為：	調整後薪資為：　　　　元	
調薪後職稱／職等：　　(1)□不變　　(2)□調整為		
生效日為：	人事主管簽名：	

㈣總分

　考核者將各分類得分之加總，填寫於總分欄內。

㈤考核等級共分為 5 級

等　　級	總　　分	調薪百分比
傑　　出	90 分（含）以上	11～13%
優　　良	80～89 分	8～10%
滿　　意	65～79 分	4～7%
需要改進	56～64 分	0
不　滿　意	55 分（含）以下	0%　或　降級敘薪

➡調薪部分須視當年度營運狀況及市場行情作適當的修正

㈥審核

　核定主管請審核初核主管計分之正確性。

㈦簽名：

　被考核人、初核主管與核定主管皆須簽名，以示負責。

第五章

營業資料報表

　　營業報表(Sales Report)是餐飲資訊系統針對餐廳的各項營業資料予以彙整後所提供的一份報表。雖然不同的餐飲資訊系統所提供的報表內容多少有些許的出入，在格式的呈現上也有所不同，但報表所闡述的內容不外乎營業額、營業稅、營業淨額、來客數、帳單數（桌數）、折扣金額、作廢金額、各時段營業資料、過去同期（上週、上月）營業額的比較，以及本週（月）的累計營業額等等。有了這份報表不但可以方便使用者了解並稽核每一日的營業狀況，而且在營運當時亦可隨時了解營運狀態，得到最即時的營業資料。

營 業 時 段 報 表

　　時段報表、週報表及月報表基本上在報表的格式呈現並無不同，只是資料統計的時段做了改變，以方便使用者隨時搜尋查閱。以營業時段報表為例（表 5-1），其主要的功能與目的就是將餐廳每一個營業時段做詳細的分析，藉以了解每一個時段的營業資料進而分析出不同時段的消費特性（參閱表 5-2、5-3）。這張報表可以幫助業者在訂定新的營運策略時有更好的數據做參考與佐證。而時段的定義，則可以因餐廳業態的不同由使用者自行設定，以得到更符合需求的時段報表。例如營業時間較長的餐廳可定義不同的時段，為其早餐、午餐、下午茶、晚餐、宵夜做營業分析。

表 5-1　營業時段報表

```
        1 CURRENT MAR01´ 00 11:16P 0374 ──────── 1

NET SALES                              17590 ──── 2

    DINING.NET SLS                     17590
    #GUESTS,$ AV 50                      352 ──── 3
    #CHECK,$ AV 26                       677 ──── 4
  * TO GO * ,NET SLS                       0
    #GUESTS,$ AV 0                         0
    #CHECK,$ AV 0                          0
  EXPRESS,NET SLS                          0
    #GUESTS,$ AV 0                         0
    #CHECK,$ AV 0                          0
TOTAL,NET SLS                          17590 ──── 7
# GUESTS,$ AV  50                        352
# CHECKS,$ AV  26                        677

TABLES:
# TURNS,$ AV  23                         740 ──── 8
AV TVRN TIME (MINS)                       63 ──── 9

            11:30AM-02:00PM ──────────────────── 10

NET SALES                  10205    58.02% ───── 11

    DINING,NET SLS         10205    58.02%
    # GUESTS                  28    56.00%
     $ AV                              364
    # CHECKS                  13    50.00%
     $ AV                              785
    *TO GO*,NET SLS            0     0.00%
    # GUESTS                   0     0.00%
     $ AV                                0
    EXPRESS,NET SLS           0     0.00%
    # GUESTS                   0     0.00%
      $ AV                               0
    # CHECKS                   0     0.00%
      $ AV                               0
   TOTAL,NET SLS           10205    60.00%
  # GUESTS                   28    56.00%
     $ AV                              364

  # CHECKS                   13    50.00%
     $ AV                              785

 TABLES:
 # TURNS                    11    47.83%
    $ AV                             928 ──── 12
 AV TURN TINE (MINS)                  65 ──── 13

 02:00PM-06:00PM

 NET SALES                 1505     8.85%
```

（後略）

餐飲管理
資訊系統

一、報表介紹

　　表 5-1 是將餐廳的營業時間分為三個重要時段。分別是午餐時段 11:30am〜2:00pm、下午茶時段 2:00〜6:00pm，及晚餐時段 6:00pm〜10:00pm（下午茶及晚餐時段資料略）。在報表的第一段落是先就當日的營業資料作彙整說明，也可算是日營業報表的簡略版，而第二段則是針對其午餐時段做分析。在每一個段落中又可略分為 Dining（店內用餐），To-Go（外帶餐點），及 Express（簡速餐）三種不同的營業型態所創造的營業額及相關營業資料。

1. 當日的營業淨額(Net sales)$17,590，通常指的是餐廳的實收淨額也就是已經扣除招待折扣金額及營業稅的實際餐廳營業額。

2. 店內用餐的淨營業額 Dining Net Sale$17,590。

3. 店內用餐的來客數及客平均單價分別為 50 名用餐客人，平均消費金額為$352（$17,590 / 50 人）。對於此部分資料的精確與否，則有賴餐廳現場服務人員，在進入餐飲資訊系統建立一張新的桌號帳單時，正確地鍵入來客數才能避免資料失真，而影響日後營運策略的擬訂。

4. 店內用餐的帳單數及每張帳單的平均消費額分別為 26 張帳單、平均每張帳單金額為 $677($17,590 / 26 張帳單)。通常帳單數不會等同於用餐桌數，因為同桌用餐客人可能會有分開帳單各付各的餐費之情況發生；而二桌以上的餐費合併於一張帳單付款的情況也時有所聞。例如大型聚會用餐或是 A 桌的客人幫 B 桌的客人買單等情況。然而以本張報表為例，不難發現這家餐廳在午餐時段共 50 名用餐客人卻有 26 張帳單，假設上述併單或分單的情況並未發生，若長期觀察每天午餐時段的來客數都約略為帳單數的一倍，則可表示這家餐廳中午用餐為二人一組的比例較高。為有效提高餐桌效率，應避免設置

過多的四人方桌甚至六人座圓桌，才不致發生僅有二位用餐客人佔用大桌的情況，並造成晚到的客人久候，建議重新檢討餐桌的規劃及擺設，不妨增加二人座小餐桌的比例以提高營業效率。畢竟午餐時段多屬商業午餐的型態，用餐客人多半進店時間集中，且用餐時間有限，若能提高餐桌的營業效率減少客人等候餐桌的時間，必能對營業額有正面的幫助。

5. 外帶的營業資料：在此範例中業者並未有外帶餐點的營業資料，但是對於其他不同型態的餐飲業者，例如比薩、中式餐盒甚至日式定食都有不錯的外帶業績。利用此張報表可以就每日外帶餐點的業績做分析，進而調整營運生產線讓外帶這種高評效且高時效的業績比重適度增加，對餐廳的業績及利潤有正面的助益。

6. 簡速餐的營業資料：在此範例中業者並未有簡速餐點的營業資料，但有些餐廳除了提供正統的套餐供客人做選擇之外，也提供簡速餐供客人做選擇。相對於正統套餐必須一道道菜依序上桌且單價通常較高的情況下，簡速餐也有其市場價值。通常簡速餐類似百貨公司美食街商家以餐盤、餐盒的方式提供給客人，除了主菜之外，其配菜也通常是事先預作準備好的涼拌菜，並同時附上湯品或飲料。此類產品可同時兼顧客人用餐的需求、用餐時間也會縮短，在價格上也較能介於外帶餐點及正式套餐之間，是業者在考慮午餐時段經營型態的不錯選擇。

7. 總計的營業資料：因為在此張範例報表中這家餐廳當日並沒有外帶或簡速餐的營業資料，所以總計的營業資料會等同於店內用餐的營業資料。

8. 此部分為正確的開單桌數計 23 張桌子，平均每張餐桌的平均

消費額為$740。

9. 平均每張餐桌的用餐時間為 63 分鐘。惟這份數據主要是依據
服務人員為客人點完餐後進入資訊系統鍵入桌號、人數及所
用餐點時的鍵入時間，而用餐結束時間則以該桌客人買單結
帳時的時間為依據，換句話說如果一組用餐客人中有人提前
到達餐廳並先行入座等待其他晚到客人到來，而在這等待的
時間中若該名先到的客人沒有點用任何餐飲時，則這張餐桌
的實際進店時間與資訊系統的開桌時間恐有誤差。同理推論，
如果這桌客人用完餐並結帳買單後，並未隨即離開，則實際
的離開時間與資訊系統中的買單結帳時間，也將有誤差產生。
針對這種可能失真的數據情況發生，餐廳主管應儘可能落實
服務人員在客人入座時，不論是否先行點用餐點，均立即進
入餐飲資訊系統中鍵入人數與桌號，使資料正確。

另部分餐飲資訊系統附加有結合前檯帶位的系統，經過資訊交
換整合後，真正的用餐時間能夠以前檯的數據為依據，從客
人進入餐桌時起算直到客人離開餐廳為止。

10. 這個段落為時段報表的第二個段落，也是時段報表的真正核
心所在。以這張報表為例，這家餐廳所定義的第一時段為上
午 11:30 至下午 2:00 的午餐時段。每家餐廳依照形態的不同也
可以設定不同的時段。例如 7:00am～10:00am 為早餐時段，
9:30pm～02:00am 為宵夜時段等等。

11. 為這個午餐時段的營業淨額(Net sales)$10,205，佔全日業績的
58.02%($10,205 / $17,590)。

12.～13.則與第一段落的第 8、9 項定義相同，午餐時段的開單桌數
計 11 桌，佔全日桌數的 47.83%（午餐開單桌數 11 桌 / 全日開
單桌數 23 桌），每桌平均消費金額為$928元（$10,205 / 11 桌）。

表 5-2　消費特性月報表

日期	1030-1400		1400-1800		1800-2100		2100-2200		All Day	
	來客數	平均消費	來客數	平均消費	來客數	平均消費	來客數	平均消費	來客數	平均消費
1	31	391	9	321	15	267	0	0	55	3496
2	27	363	40	142	29	456	2	195	98	306
3	37	406	20	332	48	443	0	0	105	409
4	66	405	59	275	48	441	0	0	173	371
5	88	374	72	294	23	432	0	0	183	350
6	46	388	32	190	21	420	0	0	99	331
7	41	373	34	261	18	477	0	0	93	352
8	48	405	31	266	30	562	0	0	109	409
9	39	391	41	240	18	438	0	0	98	339
10	47	339	29	201	37	509	0		113	359
11	64	360	86	232	44	481	0	0	197	345
12	45	328	82	228	24	470	0	0	151	297
13	24	340	6	203	30	482	0	0	60	397
14	44	387	10	270	26	506	0	0	80	411
15	64	382	10	149	23	547	0	0	97	397
16	27	437	8	275	30	469	0	0	65	432
17	16	375	5	118	36	1436	0	0	57	1024
18	23	460	41	208	19	389	0	0	83	319
19	16	419	16	258	16	366	0	0	48	348
20	18	386	8	276	19	478	0	0	45	405
21	16	401	17	368	6	477	0	0	39	398
22	12	415	7	223	12	338	0	0	31	342
23	10	344	8	435	44	447	0	0	62	429
24	66	441	16	318	77	966	0	0	173	636
25	29	473	65	312	50	601	0	0	144	445
26	38	385	64	333	15	497	0	0	117	371
27	53	418	14	293	7	441	0	0	74	397
28	42	420	18	274	26	418	0	0	74	389
29	55	363	13	185	29	455	0	0	97	367
30	35	401	21	258	28	486	0	0	84	394
31	52	429	31	277	97	597	45	331	225	461
合計	1219	393	913	259	945	559	47	325	3141	402

餐飲管理
資訊系統

表 5-3　消費特性比較表

	1030-1400		1400-1800		1800-2100		2100-2200		All Day	
	來客數	平均消費	來客數	平均消費	來客數	平均消費	來客數	平均消費	來客數	平均消費
08/03	1590	394	928	238	1266	446	18	50	3802	373
09/03	1131	382	589	225	958	430	4	253	2649	362
10/03	967	403	592	248	702	442	2	285	2211	374
11/03	952	417	603	263	785	495	7	842	2337	406
12/03	1219	393	913	259	945	559	47	325	3141	402

第二節　營業明細報表

一、報表介紹

　　相較於營業日報表最大的不同，乃是營業明細報表提供了類似流水帳的明細，針對餐廳當天營業的每一筆交易作紀錄。最大的好處是方便管理者或財務部門作稽核查詢。不論是透過聯單編號或發票編號都能進一步查詢每一筆交易的細節，包括服務人員姓名、結帳出納的姓名、點用的餐點、用餐金額、付款方式等重要資料。在這表 5-4 的第一列可以清楚看出每一欄位的定義，其中較值得一提的有：

表 5-4　日營業明細報表

序號	聯單編號	日期	餐廳	信用卡	簽帳	儲值卡	其他	來店時間	結帳時間
1	9307030001	93/07/03	江浙天成樓	0	25140	0	0	10:16:20	10:25:05
2	9307030002	93/07/03	江浙天成樓	0	0	0	0	10:25:09	10:25:42
3	9307030003	93/07/03	江浙天成樓	682	0	0	0	11:57:21	13:03:23
4	9307030004	93/07/03	江浙天成樓	966	0	0	0	12:02:47	13:03:35
5	9307030005	93/07/03	江浙天成樓	0	0	0	0	12:04:56	13:05:45
6	9307030006	93/07/03	江浙天成樓	0	0	0	0	12:25:36	13:32:04
7	9307030007	93/07/03	江浙天成樓	0	0	0	0	12:27:17	14:20:00
8	9307030008	93/07/03	江浙天成樓	1219	0	0	0	12:32:36	13:47:03
9	9307030009	93/07/03	江浙天成樓	817	0	0	0	12:34:38	12:38:43
10	9307030010	93/07/03	江浙天成樓	990	0	0	0	12:36:00	14:13:39
11	9107030011	93/07/03	江浙天成樓	0	0	0	0	12:38:25	14:15:15
12	9307030012	93/07/03	江浙天成樓	2397	0	0	0	12:40:15	13:58:53
13	9307030013	93/07/03	江浙天成樓	0	0	0	0	12:41:07	13:20:42
14	9307030014	93/07/03	江浙天成樓	1078	0	0	0	12:44:12	13:37:35
15	9307030015	93/07/03	江浙天成樓	1059	0	0	0	12:53:19	13:30:49
16	9307030016	93/07/03	江浙天成樓	1197	0	0	0	12:59:00	14:09:22
17	9307030017	93/07/03	江浙天成樓	990	0	0	0	13:03:43	13:58:45
18	9307030018	93/07/03	江浙天成樓	2266	0	0	0	13:04:44	14:14:26
19	9307030019	93/07/03	江浙天成樓	0	14311	0	0	13:15:45	13:40:55
20	9307030020	93/07/03	江浙天成樓	0	0	0	0	13:21:53	15:05:55
21	9307030021	93/07/03	江浙天成樓	0	0	0	0	13:24:44	13:58:27
22	9307030022	93/07/03	江浙天成樓	113	10	0	0	13:37:38	13:39:19
23	9307030023	93/07/03	江浙天成樓	0	6885	0	0	13:49:38	14:20:34
24	9307030024	93/07/03	江浙天成樓	1021	0	0	0	18:26:36	19:27:04
25	9307030025	93/07/03	江浙天成樓	2314	0	0	0	18:28:36	21:03:42
26	9307030026	93/07/03	江浙天成樓	42945	0	0	0	18:33:55	20:47:34
27	9307030027	93/07/03	江浙天成樓	0	0	0	0	18:38:09	20:46:19
28	9307030028	93/07/03	江浙天成樓	0	0	0	0	18:41:05	19:30:36
29	9307030029	93/07/03	江浙天成樓	0	0	0	0	18:49:01	20:11:40
30	9307030030	93/07/03	江浙天成樓	0	0	0	0	19:05:44	20:26:21
31	9307030031	93/07/03	江浙天成樓	0	12668	0	0	19:08:25	20:58:34
32	9307030032	93/07/03	江浙天成樓	0	0	0	0	19:12:39	19:14:53
33	9307030033	93/07/03	江浙天成樓	1543	0	0	0	19:42:49	20:34:42
34	9307030034	93/07/03	江浙天成樓	0	0	0	0	19:55:55	21:07:43
35	9307030035	93/07/03	江浙天成樓	0	0	0	0	20:11:44	20:14:28
36	9307030036	93/07/03	江浙天成樓	0	0	0	0	20:17:07	20:34:50
37	9307030037	93/07/03	江浙天成樓	11704	0	0	0	21:03:52	21:35:18
		小　　計		74319		0	0		
		總　　計		74319		0	0		

補最低 消費金額	桌名	發票編號	備 註	客戶 編號	客戶 名稱	宴會 名稱	桌數	每桌 金額	外加成本	原料成本
0	TEST	NZ71375587					0	0	0	0
0	1 號	NZ71375588					0	0	0	0
0	2 號	NZ71375589					0	0	0	0
0	0 號	NZ71375590					0	0	0	0
0	5 號	NZ71375591					0	0	0	0
0	10 號	NZ71375595					0	0	0	0
0	6 號						0	0	0	0
0	3 號	NZ71375599					0	0	0	0
0	12 號	NZ71375593					0	0	0	0
0	13 號	NZ71375604					0	0	0	0
0	11 號	NZ71375606					0	0	0	0
0	7 號	NZ71375600					0	0	0	0
0	25 號	NZ71375592					0	0	0	0
0	22 號	NZ71375596					0	0	0	0
0	15 號	NZ71375594					0	0	0	0
0	23 號	NZ71375603					0	0	0	0
0	2 號	NZ71375601					0	0	0	0
0	21 號	NZ71375605					0	0	0	0
0		NZ71375598					0	0	0	0
0	16 號	NZ71375608					0	0	0	0
0	302	NZ71375602					0	0	0	0
0	1 號	NZ71375597					0	0	0	0
0	308	NZ71375607					0	0	0	0
0	12 號	NZ71375611					0	0	0	0
0	3 號	NZ71375617					0	0	0	0
0	202	NZ71375615					0	0	0	0
0	201-1	NZ71375614					0	0	0	0
0	1 號	NZ71375610					0	0	0	0
0	6 號						0	0	0	0
0	306	NZ71375612					0	0	0	0
0	302	NZ71375616					0	0	0	0
0	TEST	NZ71375609					0	0	0	0
0	1 號	NZ71375613					0	0	0	0
0	8 號						0	0	0	0
0	6 號						0	0	0	0
0	6 號						0	0	0	0
0	301-1	NZ71375618					0	0	0	0
							0	0	0	0
							0	0	0	0
							0	0	0	0

營業資料報表

毛利計算方法	毛利率(%)	招待成本	早餐	點心	其他	現金付款	信用卡
	0	0	###	0	0	0	0
	0	0	600	0	0	600	
	0	0	0	580	40	0	682
	0	0	0	440	438	0	966
	0	0	0	240	484	0	0
	0	0	580	448	0	0	0
	0	0	1300	840	0	0	0
	0	0	0	720	388	0	1219
	0	0	0	320	458	0	817
	0	0	0	760	140	0	990
	0	0	0	320	768	1197	0
	0	0	0	0	2179	0	2397
	0	0	0	880	260	1197	0
	0	0	0	660	380	0	1078
	0	0	0	740	268	0	1059
	0	0	0	660	428	0	1197
	0	0	0	260	640	0	990
	0	0	0	440	1620	0	2266
	0	0	0	0	###	0	0
	0	0	0	520	0	520	0
	0	0	0	0	575	633	0
	0	0	0	580	448	0	1131
	0	0	0	0	6805	0	0
	0	0	0	440	488	0	1021
	0	0	0	1200	904	0	2314
	0	0	0	0	###	0	42945
	0	0	0	0	###	14957	0
	0	0	0	200	1768	2275	0
	0	0	0	0	2768	0	0
	0	0	0	0	7555	8311	0
	0	0	0	0	###	0	0
	0	0	0	120	0	120	0
	0	0	0	540	863	0	1543
	0	0	0	0	1084	0	0
	0	0	0	0	400	400	0
	0	0	0	0	0	0	0
	0	0	0	0	###	0	11704
	0	0	###	12440	###	30754	74319
	0	0	400	280	0		
	0	0	###	12720	###	30754	74319
	0	0	640	1666	0		
	0	0	120	1380	0		
	0	0	300	468	0		
		0	1460	5845	###	0	0
		0	###	16243	###		

餐飲管理
資訊系統

股東簽帳	禮券	天成抵帳（房客）	客戶簽帳	訂金	支票	現金折讓
0	0	0	25140	0	0	0
0	0	0	0	0	0	0
0	0	0	0	0	0	0
0	0	0	0	0	0	0
0	0	0	0	0	0	0
0	0	0	0	0	0	0
0	0	0	0	0	0	0
0	0	0	0	0	0	0
0	0	0	0	0	0	0
0	0	0	0	0	0	0
0	0	0	0	0	0	0
0	0	0	0		0	0
0	0	0	0	0	0	0
0	0	0	0	0	0	0
0	0	0	0	0	0	0
0	0	0	0	0	0	0
0	0	0	0	0	0	0
0	0	0	0	0	0	0
0	0	0	14311	0	0	0
0	0	0	0	0	0	0
0	0	0	0	0	0	0
0	0	0	0	0	0	0
0	0	0	6885	0	0	0
0	0	0	0	0	0	0
0	0	0	0	0	0	0
0	0	0	0	0	0	0
0	0	0	0	0	0	0
0	0	0	0	0	0	0
0	0	0	0	0	0	0
0	0	0	0	0	0	0
0	0	0	12668	0	0	0
0	0	0	0	0	0	0
0	0	0	0	0	0	0
0	0	0	0	0	0	0
0	0	0	0	0	0	0
0	0	0	0	0	0	0
0	0	0	0		0	0
0	0	0	59004	0	0	0
0	0	0				
0	0	0	59004	0	0	0

營業資料報表

(一)簽帳欄

　　雖然大多數的餐廳並未設有提供客人簽帳的服務項目，但是對於會員制的餐廳、俱樂部、渡假村或是飯店附設的餐廳，仍普遍有簽帳的情形產生。例如飯店的房客利用飯店的各項設施多半可以用簽帳的方式先享受餐點的服務，直到退房結帳時再一併結清住宿期間的所有消費。

(二)儲值卡

　　目前市場上有些連鎖餐廳或百貨公司購物中心，設有儲值卡的消費付款方式。消費者可預先購買一定金額的儲值卡以享受某些附加的優惠或便利，在往後的消費行為時不論購物或用餐均可利用儲值卡進行付款。當儲值卡的額度用完時仍可再透過電腦系統付款重新儲值，與目前台北市政府大力推行的悠遊卡的原理相同。

(三)發票編號

　　因為國內稅制的關係，消費者在消費購物時，都會向商家索取統一發票，因此所有的餐飲資訊系統除了添購印表機、觸控式螢幕、電腦主機等週邊設備外，發票列印機也是絕對需要的周邊設備。透過正確的連線與設定，當餐飲資訊系統每完成一筆交易時均會同步與發票機連線列印統一發票。

(四)原料成本

　　如果餐廳在進行餐飲資訊系統資料建檔時確實將每一道菜色的單位成本鍵入系統中，則此欄所應呈現的是這筆消費所產生的食物及飲料成本，並可進而得知毛利率。對於大型聚餐因人數、預算及點用菜色的不同（例如結婚喜宴、尾牙聚餐），餐廳可能依每一個案的不同而開立不同的菜單，雖然餐廳主廚可能在事前已經評估過食物成本及營業毛利是否合理，在這張明細報表中也可以看到這些數據。

餐廳業績與外界的關係變化

有了餐飲資訊系統為餐廳作長期且詳盡的營業紀錄之後，除了為日常作查詢稽核之外，最大的功用莫過於對管理者作營業預估時，有較科學的根據及合理的預判，而且對相較於過去同期的營業額若發生過大的起伏時，也能夠藉由這些歷史資料的查詢得到合理的解釋。而通常較常發生的幾種情況如下：

一、商圈、節日活動對營業額的影響

(一)特殊活動

餐廳因為週邊商圈有大型的活動、嘉年華會或是商圈的消長都會反映在營業額的變化上。如果沒有這些歷史資料及管理者細心的註記，可能會造成往後作業績分析比較時，無法有效的針對業績消長有較強力的說明。例如 2003 年夏天，台北縣政府在淡水鎮的對岸成立了左岸八里親水公園，並大力透過媒體強力宣傳、請來爵士樂團在河邊舉行露天的爵士音樂會，這些活動吸引了大批遊客前來並直接對附近商家餐廳造成不錯的業績表現，也對日後這附近的商圈產生結構性的正面影響，因為假日時遊客不再是只在淡水鎮遊憩消費，而是搭渡輪來到淡水河的另一岸，不僅提高了八里鄉的知名度也提高了消費市場。

(二)展覽

另外例如在世貿展覽館商圈的餐廳，每逢大型的展覽必定會對餐廳的營業有大幅的幫助（參閱表 5-5），然而雖說每年有許多展覽固定會舉辦，但是詳細的展覽日期也會有些微的改變，因此週邊商圈的餐廳在預估營業額時，應該事先取得世貿展覽館的最新展覽

營業資料報表

日程表，再參考過去每一個不同主題的展覽對餐廳影響的幅度，如此才能夠得到較客觀的預估營業額。例如台北國際車展、電腦資訊月，所吸引的參觀人潮都能高達數十萬人，這些展覽比起家具展、五金用品展、建材展就顯得更有聚客力，而展覽主題與餐廳經營較接近的中華美食展、異國風情美食展等，對於餐廳業績的幫助又另當別論，因為參觀展覽的民眾可能已經在這些以美食為主題的展覽會場內大快朵頤一番了。

(三)觀光景點周邊

較特別的案例是在以豆腐料理聞名全台的台北縣深坑鄉，因為地理位置與台北市木柵動物園非常接近，因此每逢假日除了吸引許多老饕專程前來享用美食之外，也吸引不少假日全家前往木柵動物園遊玩的民眾，在遊園結束後順道前來打打牙祭。當地的幾家裝有餐飲資訊系統的餐廳業者，透過長期的觀察與註記發現，在某些日子裡從動物園過來的遊客較平常多許多，經過調查原來是因為動物園塑造了幾隻動物明星例如無尾熊派翠克、企鵝黑麻薯等，藉由他們的來台定居亮相，確實吸引了許多家長帶著小朋友前來遊園，而順便來到深坑吃吃道地的豆腐美食。這些因為附近商圈活動造成業績成長的案例歷歷可見，只是業者因為有了資訊系統的幫忙，能比其他同業對於業績及周邊商圈的變化有更高的敏感度，自然在預估營業額會有大幅成長的日子時，總能運籌帷幄事先妥善調度人力、增加食材的準備量，如此生意上門時自然能夠營運順暢兼顧了業績成長及良好營運品質的要求。

(四)特別節日

西洋情人節、七夕情人節、母親節、耶誕節等節日，可以說是餐廳一年當中的幾個大日子，每當這些日子來臨之前業界莫不絞盡腦汁並善用媒體宣傳，希望能創下佳績。然而，對於七夕情人節

（農曆七月七日）或是母親節（五月的第二個星期日）這種非固定於國曆特定的某月某日的節日，在歷史業績比較時就必須去推算往年這些節日的實際日期，才能作客觀的比較。否則單就報表上與去年同期相比較的業績，就顯得沒有意義了！再加上現在國內採週休二日制，特定節日是否落在週末也是業績變化的一個重要因素。例如 2003 年的七夕正好是國曆的 8 月 5 日星期一，當日多數餐廳的業績與前一年的七夕情人節業績作比較時多半是不增反跌，分析其中原因乃是因為許多情侶或配偶多選擇提前在 8 月 2 日至 4 日也就是週末這一段期間提前慶祝享用情人套餐了。因此若要與前一年的七夕業績作比較，或許應該要將前一年七夕當日及其前三日的累積營業額與 2003 年的 8 月 2 日至 5 日的累積營業額作比較，較為客觀才是。

二、偶發事件對於業績消長的影響

　　除了上述各種原因造成業績大幅度改變之外，偶發事件對於餐廳業績的影響也非同小可。例如 2003 年春季席捲全球的 SARS 疫情對於全球的經濟衝擊損失自是驚人，而餐飲業界也多半有 30%～50% 的業績衰退造成許多原本經營體質不佳的餐廳歇業關閉。而無薪休假、刪減各項人事開銷成了每家餐廳的必要動作，這波疫情讓經濟低迷已久的台灣更陷入困境，不僅台灣如此，世界各地各個行業幾乎都有相同情況發生。另外幾年前發生的 921 大地震造成接下來的全台大停電，以及近半個月的分區供電都對餐飲業造成強大的衝擊，限時分區供電可能造成有些餐廳在用餐時間時卻是無電可用的窘境，致使生意一落千丈。又例如這幾年全球暖化的效應，台灣地區除了高溫炎熱還遇上缺水之苦，分區輪流供水也同樣會引起消費者對於食品衛生的疑慮而影響餐廳的生意量。上數的種種案例，多能利用餐飲資訊系統紀錄下每日的營業數據，配合適當的註記，有效地對每一日的業績作更好的說明與註腳。當然小範圍的商圈偶發事件，例如道路封閉施工、附近發生火災意外或治安事件也多少對業績有微妙的變化，都是值得管理者去仔細觀察的。

表 5-5 營業報表

日 期	餐 廳	門 市	合 計	
8/1	29309	9195	38504	
8/2	32881	19100	51981	
8/3	26677	18798	45475	
8/4	30818	14898	45716	台北電腦應用展覽會
8/5	50161	20978	71139	台北電腦應用展覽會
8/6	60569	21662	82231	台北電腦應用展覽會
8/7	70048	22139	92223	台北電腦應用展覽會
8/8	59150	14430	73580	台北電腦應用展覽會
8/9	36434	18075	54509	
8/10	36079	15453	51550	
8/11	25581	15134	40715	
8/12	33014	16764	49778	通訊展 / 航太國防科技展
8/13	49563	16831	66394	通訊展 / 航太國防科技展
8/14	65276	19253	84529	通訊展 / 航太國防科技展
8/15	66376	8757	75133	通訊展 / 航太國防科技展
8/16	44784	16902	61686	通訊展 / 航太國防科技展
8/17	102688	24479	127167	七夕
8/18	44900	24464	69364	
8/19	41298	12177	53475	
8/20	40256	18686	58942	台北中華美食展
8/21	48492	12260	60752	台北中華美食展
8/22	43490	7620	51110	台北中華美食展
8/23	25908	13834	39742	台北中華美食展
8/24	29488	16472	45960	台北中華美食展
8/25	22676	15591	38267	
8/26	39526	19770	59296	
8/27	28196	14291	42487	
8/28	19408	14758	34166	
8/29	39302	6365	45667	
8/30	45330	17050	62380	
8/31	37903	11303	49206	8 月 1325635+497489=1823124
9/1	37102	16482	53584	
9/2	31965	13006	44971	
9/3	32770	20824	53594	
9/4	24642	12388	38850	
9/5	27575	11244	38819	
9/6	31739	18837	50576	
9/7	31533	25605	57138	

餐飲管理
資訊系統

續 表 5-5 營業報表

日 期	餐 廳	門 市	合　計	
9/8	37980	24130	62110	
9/9	29173	17973	47146	
9/10	38934	14483	53417	
9/11	32079	9825	41904	
9/12	27828	7814	35642	
9/13	16782	16731	33513	
9/14	28612	14634	43246	
9/15	36362	14172	50534	
9/16	45588	30858	76446	
9/17	41392	31995	73387	
9/18	48812	33781	82593	
9/19	28752	9904	38656	
9/20	34466	124280	158746	
9/21	19003	15606	34609	921 地震
9/22	40807	21771	62578	限電
9/23	27346	38900	66246	限電
9/24	20895	10534	31429	限電
9/25	20767	8407	29174	限電
9/26	29819	7195	37014	限電
9/27	15001	13518	28519	限電
9/28	14114	8166	22280	限電
9/29	28757	10359	39116	限電
9/30	14171	9339	23510	Sept.=896586+612761=1509347
10/1	30248	10353	40601	限電
10/2	17590	8458	26046	限電
10/9	18733	6150	24883	限電
10/4	10438	7558	17996	限電
10/5	14752	9471	24223	限電
10/6	14289	10678	24967	限電
10/7	27966	14399	42365	限電
10/8	31074	13339	44413	限電
10/9	39167	8374	47541	限電
10/10	38229	8746	46975	
10/11	24746	14346	39092	
10/12	30746	17185	47931	
10/13	37068	13046	50116	
1014	25583	12335	37918	
10/15	49626	16408	66034	
10/16	37133	11475	48608	台北國際電子成品展覽會
10/17	30295	8592	38887	台北國際電子成品展覽會
10/18	23543	12598	36141	台北國際電子成品展覽會

營業資料報表

日 期	餐 廳	門 市	合 計	
10/19	38743	16017	54760	台北國際電子成品展覽會
10/20	16026	15406	31432	台北國際電子成品展覽會
10/21	35581	15318	50899	
10/22	28895	12672	41567	
10/23	23410	10182	33592	
10/24	28910	8580	37490	
10/25	19280	12545	31825	台北國際禮品暨文具秋季展覽會
10/26	32048	20514	52562	台北國際禮品暨文具秋季展覽會
10/27	33105	13634	46739	台北國際禮品暨文具秋季展覽會
10/28	39665	15790	55455	台北國際禮品暨文具秋季展覽會
10/29	31305	12852	44157	
10/30	23743	11603	35346	
10/31	33410	5640	39050	Oct.=885347+374266=1259613
11/1	23295	16712	40007	
11/2	20848	12435	33283	
11/3	32476	16384	48860	
11/4	33412	14362	47774	第七屆台北國際旅展
11/5	42040	14661	56701	第七屆台北國際旅展
11/6	67829	12516	80345	第七屆台北國際旅展
11/7	66961	11691	78652	第七屆台北國際旅展
11/8	25714	22245	47959	
11/9	23938	16023	39961	
11/10	21733	18140	39873	
11/11	41657	14464	56121	
11/12	38445	11093	49538	
11/13	26040	11241	37281	
11/14	17848	5453	23301	
11/15	16438	15757	32195	
11/16	17019	17116	34135	
11/17	55583	16021	71604	
11/18	15714	14093	29807	音響影視展
11/19	24836	16252	41088	音響影視展
11/20	26773	13491	40264	音響影視展
11/21	26043	8227	34270	音響影視展
11/22	22724	15678	38402	音響影視展
11/23	25981	18451	44432	
11/24	31830	18975	50805	
11/25	21895	14370	36265	飲食及設備展
11/26	29552	15530	45082	飲食及設備展
11/27	28247	9279	37526	飲食及設備展
11/28	14026	7482	21508	飲食及設備展

餐飲管理
資訊系統

續 表 5-5 營業報表

日 期	餐 廳	門 市	合 計	
11/29	23371	13864	37235	
11/30	31656	13669	45325	Nov=893924+425675=1319599
12/1	18467	10008	28475	
12/2	28573	12752	41325	
12/3	40629	14221	54850	資訊月
12/4	60023	15366	75389	資訊月
12/5	61010	13215	74225	資訊月
12/6	31161	20428	51589	資訊月
12/7	31171	16154	47325	資訊月
12/8	42099	16501	58600	資訊月
12/9	31221	16915	48136	資訊月
12/10	38638	17949	56587	資訊月
12/11	64999	10924	75923	資訊月
12/12	42069	11523	53592	資訊月
12/13	21785	18941	40726	
12/14	31363	19184	50547	
12/15	36590	14938	51528	
12/16	27318	14608	41926	
12/17	55600	16095	71695	
12/18	24010	11438	35448	
12/19	15895	4791	20686	
12/20	17029	16215	33244	
12/21	14694	13302	27996	
12/22	9731	12484	22215	
12/23	25581	18302	43883	
12/24	103114	24395	127509	
12/25	60429	8723	69152	台北世界新車大展
12/26	40962	15550	56512	台北世界新車大展
12/27	27962	12350	40312	台北世界新車大展
12/28	31293	15845	47138	台北世界新車大展
12/29	33876	12287	46163	台北世界新車大展
12/30	31485	10747	42232	台北世界新車大展
12/31	96787	15843	112630	Dec=1195564+451994=1647558

營業資料報表

知己知彼，建立對策

一、設定分階目標

綜合前述，不難發現其實業績的好壞似乎與來客數有最密切的關係。畢竟空有一身好廚藝及合理的價位，若沒有經過適當的宣傳或是口碑也難有良好的業績表現。而週邊商圈及活動的變化無論是偶發或是常態性的事件，最直接的影響就是人潮，也就是來客數的變化。唯有在徹底了解餐廳自身的商圈，掌握商圈客層的消費力及消費習性，以及商圈內各種活動對人潮所帶來的變化有通盤的了解後，才能合理的預估出來客數及客平均消費額，推算出預估的營業額並做好營業準備才是致勝之道。

然而在預估出營業額後，不妨再設定一個較樂觀的預估業績作為一個挑戰的目標，以及一個較保守的預估業績作為一個業績達成的底限。這樣做的目的除了能使整個團隊有較高昂的士氣去挑戰高目標之外，也能提供財務部門一個底限的業績預估，作為現金流量週轉的參考，使餐廳資金的做最有效的分配利用。

二、善用報表調整策略

時段報表提供策略調整的訊息。時段報表最大的好處是方便管理者針對每一個用餐時段客人的消費力作精準的統計與判讀，雖然位處在同一個商圈，不同的餐廳仍然有可能依照其菜單結構、食物成本、鎖定的客群、內部的裝潢及品牌知名度，而有不同的平均消費額。當餐廳營運出現瓶頸或是欲調整客平均消費單價時，試探性地調整菜單價格或是增加少數幾樣較高單價的菜色，來觀察顧客的接受度，進而修正整個菜單的結構達到提高客平均消費額的目的。

餐飲管理
資訊系統

畢竟在有限的座位數及來客數的情況下，利用提高客平均單價來達到業績成長的目的也不失為一方法。

　　以下午茶為例，目前餐廳業界較常提供的有下午茶套餐——提供糕點及咖啡茶等飲料作組合，或是依人數計價無限享用的自助式下午茶，這二種方案在價格上自然也有很大的差距。對於餐廳業者而言，傳統的下午茶組合在成本上較容易掌握，消費單價低也容易被客人接受，但是大型餐廳或飯店所慣於提供的自助式下午茶除了茶點甚至有各式菜色，價格雖高也有一定的愛好者，只是這種類型的下午茶一旦發生來客數銳減時，成本的負擔將是一大隱憂，因為自助式就必須在營運前就將所有餐食茶點都擺放陳列在自助餐台上，也就是說業績不確定的情況下已經提前造成了可觀的食物成本。餐廳如果計畫從傳統的下午茶組合餐改為自助式下午茶，在推出新方案之初，可能會有因為來客數不多造成食物成本過高的情況，建議不妨先調整為咖啡茶飲可免費續杯、糕點可以無限提供，但仍由服務人員點餐後進行餐飲服務較能掌握食物成本避免浪費，而在價格上也可以藉於傳統下午茶與自助式下午茶之間，試探顧客的接受度及消費力，避免過多的營業損失或顧客流失，並可以兼顧提高客平均單價的目的。

營業資料報表

第六章

損 益 表

　　在這個章節中要闡述的可以說是餐廳經營管理的成績單。前述各個章節中利用各式各樣的報表,來剖析餐廳經營管理的幾個面向之後,本章則以財務的角度來陳述整個餐廳經營管理的成績。

　　一位專業且資深的餐飲經理人,可以由報表中各項數據輕易的發現問題的輪廓,進而去解決問題的核心,使餐廳的業績及利潤可以極大化,而各項的成本開銷也可以合理化,使餐廳的體質能更臻健全。這也是為什麼現今許多餐廳樂意使用餐飲管理資訊系統的原因,一來可以隨時觀察各式報表早期發現問題點,使成本得以有效的控制;二來利用餐飲資訊系統對於各項業績及成本作有系統的歸納,以及藉由財務部門對於其他管銷費用確實登錄於系統中,進而針對某一週期的餐廳經營狀況透過損益表來做最完整的陳述。

　　有了損益表(表 6-1)的產生,讓經營業主及管理者彷彿有了羅盤及衛星定位儀,隨時了解自己所掌舵的這艘船的行進方向是否有了偏差、油料是否足夠、通訊是否正常……,因此,對於這張損益表表面上的各項數據,必須有全面性的了解,並進而可推演出其背後所涵蓋的層面有哪些,才能對症下藥解決問題。

　　基本上損益表可以分為:收入營業額(食物、飲料、香煙及商品、其他)、成本(食物、飲料、香煙及商品、其他)、薪資費用、可控制費用、不可控制費用、利潤等幾個大項,以下就針對損益表上的各項數據作細部的說明。

損益表

表 6-1　損益報表

			$	%
1	營業總額	TOTAL SALES(W/SVC)	3	100.00%
2	**食品營業額**	NET FOOD SALES	2	85.00%
3	**食品成本**	FOOD COST	765,000	30.00%
4	營業毛利－食品	GROSS PROFIT - FOOD	1	70.00%
5	烈酒營業額	LIQUOR SALES	210,000	7.00%
6	啤酒營業額	BEER SALES	165,000	5.50%
7	葡萄酒營業額	WINE SALES	45,000	1.50%
8	**飲料營業額**	TOTAL BEVERAGE SALES	420,000	14.00%
9	烈酒成本	LIQUOR COST	33,600	16.00%
10	啤酒成本	BEER COST	41,250	25.00%
11	葡萄酒成本	WINE COST	15,750	35.00%
12	**飲料成本**	OTAL COST OF BEVERAGET	90,600	21.57%
13	**營業毛利－飲料**	GROSS PROFIT - BEVERAGE	329,400	78.43%
14	營業成本總額	TOTAL COST OF SALES	855,600	28.52%
15	香煙及商品營業額	CIG & MERCHANDISE SALES	30,000	1.00%
16	香煙及商品成本	CIG & MERCHANDISE COST	22,500	75.00%
17	營業毛利總額	TOTAL GROSS PROFIT	2	70.73%
19	前場人員薪資	FOH LABOR	405,000	13.50%
20	後場人員薪資	BOH LABOR	129,000	4.30%
21	其他薪津	MISC. LABOR	9,000	0.30%
22	訓練費用	TRAINING EXP	15,000	0.50%
23	保險及福利	INSURANCE & BENEFITS	81,000	2.70%
24	管理人員薪資	MANAGEMENT EXP	147,000	4.90%
25	業績獎金	MGMT BONUSES	33,000	1.10%
26	薪資費用總額		819,000	27.30%
27	行銷費用	MARKETING	75,000	2.50%
29	員工餐飲	EMPLOYEE MEAL	54,000	1.80%

餐飲管理
資訊系統

（續）　表 6-1　損益報表

			$	%
30	水電瓦斯費用	UTILITIES	96,000	3.20%
31	電話傳真及網際網路費用	TELEPHONE & FACSIMILES	3,000	0.10%
32	制服	UNIFORM	3,000	0.10%
33	營運物件	OPS SUPPLIES	57,000	1.90%
34	修繕保養	REPAIR AND MAINTENANCE	15,000	0.50%
35	管理清潔費	JANITOR CLEAN	48,000	1.60%
36	產物保險	PROPERTY INSURANCE	9,000	0.30%
37	現金差異	CASH OVER / SHORT	-	0.00%
38	信用卡手續費	CREDIT CARD CHARGE	30,000	1.00%
39	其他費用	OTHER EXPENSES	30,000	1.00%
40	可控制費用總額	TTL CONTROLLABLE EXP.	420,000	14.00%
41	扣除可控制費用後之利潤	PACE	882,900	29.43%
44	不動產使用成本	OCCUPANCY COST	-	
45	權利金	ROYALTY	-	
46	分攤會計費用	ACCOUNTING FEE	-	
47	折舊費用	DEPR. & AMORT	-	
48	利息費用	INTEREST EXP	-	
49	處分資產損益	GAIN / LOSS OF FA DISPOSAL	-	
50	其他收入／支出	OTHER INCOME / EXP	-	
51	不可控制費用總額	TTL UNCONTROLLABLE	-	
52	中心營業淨利	NET PROFIT	-	

損益表

第一節 營業收入

一、營業總額

顧名思義就是一家餐廳的各項收入,它包含了食品、飲料、香煙、商品、及其他的收入,但在此不包含餐廳10%服務費的收入。其中當然以食品收入為最大宗,以表6-1為例,食品營業額佔了全部營業額的85%,而飲料收入則包含了各式酒類。例如:啤酒、烈酒、雞尾酒(調酒)及葡萄酒,當然依照餐廳的型態不同,管理者可以自行定義飲料的分類項目或加入更多的細項例如:茶、果汁、蘇打飲料等軟性飲料。然而區分各種不同類別的營業額的目的,除了是因應餐廳型態不同,而針對營業額比重較大的飲料,進行分類以便觀察營業動態之外,另一個重要的原因則是這些不同型態的飲料在成本結構上也有明顯差異,若貿然將所有飲料歸為一類,則可能發生成本結構有不合理的情況產生時,卻不容易由報表的數字中發現到。

例如:一般餐廳對於烈酒的成本可能設定在20%、葡萄酒約在40%、啤酒約為 25%,而調酒及果汁等飲料則可能只有 15%的成本。另外蘇打飲料又可分為罐裝或是餐廳裝設蘇打機來販售蘇打飲料,則成本結構又有明顯不同。每家餐廳可以依據自身的型態及週邊商圈的競爭性自行訂出一個成本結構,進而推算出菜單上的售價, 也就是採用成本目標導向的一種價格策略。如某餐廳設定啤酒的成本在20%,則簡單說來就是以啤酒的進價除以20%就可定出正確的售價,來達到所定的成本目標。或是有些餐廳礙於週邊商圈同業競爭激烈,而採取市場價格策略,也就是說參考同業的價錢訂出一個具競爭性的價位,再依照自身的進價成本推算出成本結構。

餐飲管理
資訊系統

又如週邊餐廳定啤酒價格一瓶為 180 元，而為能更具有競爭性的價位，你決定將售價定在 150 元以爭取消費者的認同，而你的啤酒進價為每瓶 40 元，則啤酒成本為 26.7%（40/150×100），自然得到比其他餐廳更大的成本壓力。為能達到薄利多銷以量取勝的目的，在銷售業績比重上，啤酒的營業百分比必須比其他餐廳來得高才是。

在此營業總額即來自第 2 列食品營業額$2,550,000 佔全部營業額的 85%、第 15 列的香煙及商品的營業額$30,000 佔全部營業總額的 1%以及第 8 列的飲料營業總額$420,000 佔全部營業總額的 14%，這項飲料營業總額，分別是由第 5 列的烈酒營業額$210,000 佔全部營業總額的 7%、第 6 列的啤酒營業額$165,000 佔全部營業額的 5.5%以及第 7 列葡萄酒營業額$45,000 佔全部營業額的 1.5%所組成。

另值得一提的是有些飯店內的餐廳，或是設計較獨特亦或場地較特殊的餐廳，常有機會提供場地出租給外界舉行會議、記者會、產品發表會、甚至是提供作為戲劇拍攝的場景，對於這些非以餐飲為營業目的的場租收入，通常會另闢一列「其他營業外收入」來做提列，而其成本結構則因每一個案而有所不同。

二、成本及毛利

成本可說是攸關餐廳獲利能力的最重要因素之一。就如同先前所述，因應每一家餐廳對各項商品的業績比重不同而訂立出較細目的營業收入。有了這些細目的營業額自然也少不了針對這些細目的個別成本做出精算，以了解每一細項的獲利能力。也因此我們針對每一項細目的成本做計算時，應以成本金額除以相對細目的營業額，例如啤酒的成本除以啤酒的營業額、烈酒的成本除以烈酒的營業額，所得出來的數字才會有意義。而毛利即是售價減成本所得到的利潤，在此並不考慮餐廳的其他營業成本，只就食物本身的成本及售價作計算。當發現所得出來的成本百分比有較不合理的數字時，　不妨參閱第三章所提出的銷售統計報表，則可經由成本追蹤

損益表

的功能來抓出問題的核心。

　　不過，不同型態的餐廳其所設定的成本結構也大不相同，一般而言成本百分比約略在30%左右，但是對於涮涮鍋這種客人自行在座位上涮煮食物的餐廳，以及以人頭計價無限享用的自助餐廳，其食物成本甚至可能高達45%左右，其中原因乃是涮涮鍋這種型態的餐廳，店家只需將各式食材洗淨並作簡單處理即可上桌供客人自行煮食，在廚房技術層面上以及加工的繁瑣程度上，均較一般餐廳來得簡單，自然無法添加過多的利潤。而以人頭計價的自助餐廳，因為是在未確定來客數的前提下，就必須準備並製作大量的餐點置放在餐台上，可以說是營業額尚未發生即已經創造高額的食物成本，餐廳為求成本回收並提高同型態餐廳間的競爭性，自然無不卯足全勁既拼菜色也拼低價來吸引顧客上門，薄利多銷也成了這類型餐廳的經營不二法門，因為唯有透過營業額量體的極大化，才能在扣除食物成本之後，仍有足夠的毛利額來支付人事開銷及其他的管銷費用。

三、授權採購產品清冊(Approved Product List, APL)

　　而對於食物成本而言，有些較具規模的連鎖餐廳或飯店通常會由採購部門統籌訪商尋貨，並進而議價以取得最合理的成本進價，幫助餐廳主廚有效的控制食物成本。有些專業的採購單位甚至會建立一本進貨商品的目錄，或稱為授權採購產品清冊（Approved Product List, 以下簡稱 APL）。這本 APL 除了巨細靡遺地說明公司的採購規章辦法之外，並先行針對餐廳主廚可能的潛在需求，分門別類地將上千種食材預作詢價的動作，以提供餐廳主廚隨時查閱所需食材的規格、供貨廠商、聯絡方式、及最新報價。當然因應季節性商品或生鮮蔬果類，APL的報價有效期可能為一週左右，因此採購部門需隨時觀察市場價格變化，並隨時更新資料提供主廚或其他使用單位參考。建立這樣一本APL，固然造成採購單位的工作繁瑣，但是

對於連鎖餐廳或飯店而言，除了能協助餐廳主廚很有效率的完成詢貨訂貨的動作，因為 APL 所列的各項商品都已經由採購部完成議價及付款方式的約定，主廚只要是訂購這本 APL 上所列的商品都能符合公司的採購規定，並且避免人謀不贓甚至瓜田李下之嫌，而且採購部門利用其品牌的優勢，在議價之初即多半能取得最有利的成本進價，幫助餐廳提高獲利能力。

當然主廚們仍可依賴 APL 上的食材商品及規格、價錢，選擇最符合需求的食材進行訂貨。例如表 6-2 中可以發現單是蘿美生菜此項產品即有 5 種不同單價、廠商、規格的選擇（產品代號 200141、200142、200151、200152 以及 200161）。透過如此的採購機制可以讓主廚能隨時依照其需求、成本考量、送貨時間等條件選出最符合的廠商進行訂貨，就公司而言也可以有效地與各家廠商之間保持良好關係並取得最有利的採購條件。

又例如海鮮而言，以蛤蜊又可分不同的規格而賦予不同的產品代號。就食物成本控制的角度而言，食材產品規格能否具有一致性是相當重要的，唯有使產品的規格一致才能在標準食譜上賦予正確的數量。舉例而言，某家餐廳有提供薑絲蛤蜊湯，廚房的標準食譜固然可以用重量來表示所需放入的蛤蜊數量（200 公克），但是如果蛤蜊的大小不一，則可能造成顧客此次點的薑絲蛤蜊湯有多達 15 顆蛤蜊，而下次卻只有 6 顆蛤蜊的窘境。如果能與廠商事先議定所要採購蛤蜊的規格（45～50 顆／公斤），則每次的蛤蜊數量就比較能有一致性，而且在食物成本上容易掌握。

同樣的道理也可以延伸到檸檬的大小規格化。在許多餐廳檸檬不但是廚房食材、吧台果汁原料，更有許多機會是拿來作為飲料或是菜餚的裝飾物。為求美觀，通常餐廳會將一顆檸檬固定切成 6 個檸檬角來作為裝飾之用。換句話說，不論是一顆 150 公克或是只有 60 公克的檸檬都是只切成 6 個檸檬角來作為裝飾物，過大的檸檬相對重量較重、體積較大，不但失去裝飾的效果也無形之中提高了裝

損益表

飾成本，過小的檸檬角固然省錢卻也略顯寒酸。因此採購部門會先與廠商約定檸檬的規格，例如是每公斤 10 顆大小一致的檸檬，甚至規範細節，例如檸檬的高度為 7~9 公分使成本得以控制得宜而且裝飾美觀。

　　另外值得一提的是海鮮的包冰率。從表 6-3 中可以發現單是草蝦這項食材同一廠商即有 6 種不同選擇（採購部門實際尋訪三家海鮮供應商，草蝦共約有 20 種選擇），分別依照其大小規格、重量等細節記載於報表中。而其中含冰率更是報價的關鍵所在，不同的海鮮供應商可能會依不同的規格、重量、現流或冷凍、以及包冰率而有不同的報價。因此採購訂貨前必須計算清楚扣掉包冰率這項變數之後的實際成本，以免花大錢買了一大堆無用的碎冰。

四、餐飲資訊系統的進銷存功能

㈠掌握食材成本

　　在了解 APL 所能協助餐廳掌握合理的食材進價以有效掌握食物成本之後，另一項可以有效追蹤食物成本的重要依據就是餐飲資訊系統中的進銷存功能了！以本書所附贈的餐飲資訊系統而言，進銷存功能可說是這套軟體的一項重要功能。在菜單建立之初，主廚必須耐心的將每一道菜的標準食譜鍵入系統中（表 6-4），並且在每一次的驗收進貨調撥時，確實地將每一項食材的進出數量鍵入系統中，使系統中擁有期初庫存的正確數據，也就是進銷存功能中的「進」，參考表 6-5。

表 6-2 食材規格表（農產品類）

類　　別：FOOD 食物類

分類別：41212　農產品類　PRODUCE

產品代號	廠商產品代號	廠商產品中文名稱	廠商產品英文名稱	廠商名稱	產品包裝／規格	單位	
200001		A-九層塔	BASIL	Y006 裕華		斤	2 週報價
200002		A-大馬鈴		Y006 裕華	（　）斤/件	件	2 週報價
200003		A-子薑	GINGER	Y006 裕華		斤	2 週報價
200004		A-小豆苗		Y006 裕華		斤	2 週報價
200005		A-小黃瓜	CUCUMBER	Y006 裕華		斤	2 週報價
200006		A-巴西里	PARSLEY	Y006 裕華		斤	2 週報價
200007		A-日本茄	EGG PLANT/ JAPAN	Y006 裕華		斤	2 週報價
200008		A-毛豆仁	GREEN SOYA BEAN	Y006 裕華	（　）斤/包	包	2 週報價
200009		A-四季豆	STRING BEAN	Y006 裕華		斤	2 週報價
200010		A-玉米筍	BABY CORN	Y006 裕華		斤	2 週報價
200101	VH-115	A-生菜-奶油生菜（進口）	BIB LETTUCE	H001 海森		KG	250.00
200111	0100500	A-生菜-紅捲生菜（本地）	LOLLA ROSSA	L005 蘿美		KG	200.00
200112	0100510	A-生菜-紅捲生菜（本地）	LOLLA ROSSA	L005 蘿美		KG	200.00
200121	0100300	A-生菜-紅圓生菜	RADICCHIO	L005 蘿美		KG	280.00
200131	0100400	A-生菜-綠捲生菜	FRISEE	L005 蘿美		KG	320.00
200141	0100100	A-生菜-羅美	ROMAINE	L005 蘿美		KG	100.00
200142		A-生菜-羅美	ROMAINE	Y006 裕華		斤	2 週報價
200151	VH-1041	A-生菜-羅美(本地)	ROMAINE	H001 海森		KG	65.00
200152	0100100	A-生菜-羅美(本地)	ROMAINE	L005 蘿美		KG	80.00
200161		A-生菜-羅美(進口)	ROMAINE	D001 東遠	15kg/BOX	KG	145.00
200011	A200401	A-百合心(朝鮮筍)	HERTS OF ARTLCHOKED	S001 申崧	14OZ#24	罐	86.00
200012		A-百里香	THYME	L005 蘿美	30g/把	把	60.00
200013		A-西生菜	LETTUCE	Y006 裕華		斤	2 週報價
200014		A-西芹菜	CELERY	Y006 裕華		斤	2 週報價

損益表

（續） 表6-2 食材規格表（海鮮類）

類　別：FOOD 食物類
分類別：41111　SEAFOOD　海鮮類

產品代號	廠商產品代號	產品中文名稱	產品英文名稱	產品包裝/規格（退冰後）	單位	廠商名稱	產品單價（含冰未稅）	報價期限
110306		貝-扇貝(冷凍)	Scallop w/shell frozen	殼直徑:9-10CM.1KG/盒	KG	D008 德衛	190.00	88.07.31
110305		貝孔雀貝(冷凍)	Scallop w/shell frozen		KG	D008 德衛	130.00	88.07.31
110385		蛤-蛤蜊(大陸)大	Clam, chilled,large	30-40 個/KG	KG	D008 德衛	85.00	88.07.31
110386		蛤-蛤蜊(大陸)中	Clam, chilled,midium	45-50 個/KG	KG	D008 德衛	75.00	88.07.31
110387		蛤-蛤蜊(大陸)小	Clam, chilled,small	60-70 個/KG	KG	D008 德衛	65.00	88.07.31
110908		蟹-蟹管肉(冷凍)	Crab leg meat, frozen	500GM/盒	盒	D008 德衛	115.00	88.07.31
110907		蟹-蟹塊(冷凍)	Crab, frozen		KG	D008 德衛	75.00	88.07.31
110905		蟹-越前棒(蟹黃加工品)	Crab meat processed, froz		KG	D008 德衛	140.00	88.07.31
110801		蟳-蝦菇尾(冷凍)		4-60z/尾	KG	D008 德衛	450.00	88.07.31
110301		貝-干貝,冷凍	Scallop,frozen	2.27kg/pk	KG	H001 海森	600.00	
110506		魚-多佛板魚,冷藏	Dover Sole,fresh		KG	H001 海森	1200.00	
110702		鮭-挪威/燻鮭魚,冷藏	Nor.fresh smoked salmon, whole		KG	H001 海森	330.00	
110708	SP1023	鮭-蘇格蘭/燻鮭魚,切片	Scootland.frozen smoked salmon, preslice	(200gm/pack)#5/kg	KG	H001 海森	1400.00	
110709	SP1024	鮭-蘇格蘭/燻鮭魚,切片	Scootland.frozen smoked salmon,preslice	(100gm/pack)#10/kg	KG	H001 海森	1400.00	
110903		蟹-帝王蟹腳	Alaska King Crab Leg,Frozen		KG	H001 海森	1200.00	
110703	fdel005	鮭-挪威/燻鮭魚,切片	Nor.Smoked Salmon,Presliced	100GM/PK	PK	O001 歐芙	100.00	
110706		鮭-挪威/燻鮭魚,切片	Nor.Smoked Salmon,Presliced	100GM/PK	PK	J001 瑞輝	75.00	
110707	0034	鮭-挪威/燻鮭魚,切片	Nor.Smoked Salmon,Presliced	約2KG/PK	KG	B001 奔洋	670.00	

餐飲管理
資訊系統

表 6-3　食材報價表

產品代號	廠商產品代號	產品中文名稱	產品英文名稱	產品包裝/規格(退冰後)	單位	廠商名稱	產品單價值(含冰未稅)	報價期限
110001	304	海參	Sea Slug(Fresh)		KG	H006 漁鴻	150.00	88.07.31
110606	A103	蝦-明蝦 4/6(冷凍)	King Prawn,(Frozen)	4-6隻/斤(600GM),每隻約100-150GM,含冰率:35%	KG	H006漁鴻	500.00	88.07.31
110604	A104	蝦-明蝦 6/8(冷凍)	King Prawn,(Frozen)	6-8隻/斤(600GM),每隻約75-100GM,含冰率:35%	KG	H006漁鴻	500.00	88.07.31
110605	A105	蝦-明蝦 8/10(冷凍)	King Prawn,(Frozen)	8-10隻/斤(600GM),每隻約60-75GM,含冰率:35%	KG	H006漁鴻	500.00	88.07.31
110616	A201	蝦-草蝦 6/8(冷凍)	Shrimp,green shell,(Frozen)	6-8隻/斤(600GM),每隻約75-100GM,含冰率:35%	KG	H006漁鴻	410.00	88.07.31
110610	A202	蝦-草蝦 8/10(冷凍)	Shrimp,green shell,(Frozen)	8-10隻/斤(600GM),每隻約60-75GM,含冰率:35%	KG	H006漁鴻	420.00	88.07.31
110612	A204	蝦-草蝦 13/15(冷凍)	Shrimp,green shell,(Frozen)	13-15隻/斤(600GM),每隻約40-46GM,含冰率:35%	KG	H006漁鴻	330.00	88.07.31
110613	A205	蝦-草蝦 16/18(冷凍)	Shrimp,green shell,(Frozen)	16-18隻/斤(600GM),每隻約33-38GM,含冰率:35%	KG	H006漁鴻	290.00	88.07.31
110614	A206	蝦-草蝦 19/21(冷凍)	Shrimp,green shell,(Frozen)	19-21隻/斤(600GM),每隻約29-32GM,含冰率:35%	KG	H006漁鴻	270.00	88.07.31
110615	A208	蝦-草蝦 26/30(冷凍)	Shrimp,green shell,(Frozen)	26-30隻/斤(600GM),每隻約20-23GM,含冰率:35%	KG	H006漁鴻	230.00	88.07.31
110602	A302	蝦-生凍龍蝦(澳洲冷凍)	Raw Whole Lobster(Frozen)	20隻/箱,約500GM/隻	KG	H006漁鴻	740.00	88.07.31
110628	A350	蝦-熟龍蝦尾(澳洲冷凍)	Cooked Lobster Tail(Frozen)		KG	H006漁鴻	850.00	88.07.31
110626	A404	蝦-熟龍蝦(澳洲冷凍)	Cooked Whole Lobster(Frozen)	20隻/箱,約500GM/隻	KG	H006漁鴻	900.00	88.07.31
110624	B116	蝦-草蝦仁(大)(冷凍)	Shrimp peeled,Green shell,(Frozen)	13-15隻/LB,每隻30-35GM 含冰率:35%	KG	H006漁鴻	370.00	88.07.31
110625	B117	蝦-草蝦仁(中)(冷凍)	Shrimp peeled,Green shell,(Frozen)	31-40隻/LB,每隻11-15GM 含冰率:20%	KG	H006漁鴻	320.00	88.07.31
110519	C102	魚-鱈魚 3/2(冷凍)	Cod fish(Frozen)	2-3KG/隻,含冰率:20%	KG	H006漁鴻	180.00	88.07.31
110521	C105	魚-圓鱈菲力(冷凍)	Cod fish fillet(Frozen)	含冰率:20%	KG	H006漁鴻	310.00	88.07.31
110704	C120	魚-鮭魚(冷凍)(挪威)	Salmon Frozen, Norway	去頭去內臟,約4KG 含冰率:20%	KG	H006漁鴻	210.00	88.07.31
110515	C201	魚-潮鯛(雙背)(冷凍)	Snapper Frozen	含冰率:20%	KG	H006漁鴻	240.00	88.07.31
110513	C201	魚-潮鯛(冷凍)	Snapper Frozen	含冰率:20%	KG	H006漁鴻	240.00	88.07.31
110524	C305	魚-鱸魚肉(海)(冷凍)	Seabass fillet,frozen	含冰率:20%	KG	H006漁鴻	150.00	88.07.31

損益表

表 6-4　成本明細表

序號	產品代號	產品	份量	原料代號	原料	原料使用量（單位）	成本	為耗品
1	B00002	花好月圓(4)	4	MZ01001	佐料	0.5 份	5	N
2	B00002	花好月圓(4)	4	MB08013	花生粉	2 兩	9	N
3	B00002	花好月圓(4)	4	MB10002	可可粉	8 兩	32	N
4	B00002	花好月圓(4)	4	MB10006	糖粉	1 兩	2	N
		花好月圓(4)小計					48	
5	B00008	杏仁鳳蝦卷(4)	4	MZ01001	佐料	1 份	10	N
6	B00008	杏仁鳳蝦卷(4)	4	ML11006	鳳梨罐	0.4 罐	9	N
7	B00008	杏仁鳳蝦卷(4)	4	ML11200	沙拉	0.5 包	22	N
8	B00008	杏仁鳳蝦卷(4)	4	MB05002	草蝦仁	6 兩	98	N
		杏仁鳳蝦卷(4)小計					139	
9	B10001	蜜汁叉燒包(4)	4	ML11143	特砂糖	1.2 兩	1	N
10	B10001	蜜汁叉燒包(4)	4	ML11047	味素	1.2 兩	2	N
11	B10001	蜜汁叉燒包(4)	4	ML11132	蠔油	12 錢	3	N
12	B10001	蜜汁叉燒包(4)	4	ML11092	白菜低筋麵粉	4.8 兩	4	N
13	B10001	蜜汁叉燒包(4)	4	MB02003	梅花肉	8 兩	30	N
		蜜汁叉燒包(4)小計					40	
14	B10003	山竹牛肉丸(4)	4	MB07002	西芹	0.8 兩	1	N
15	B10003	山竹牛肉丸(4)	4	MB07010	香菜	0.1 把	2	N
16	B10003	山竹牛肉丸(4)	4	MB02017	和尚頭	4.8 兩	45	N
		山竹牛肉丸(4)小計					48	
17	B10005	香煎蘿蔔糕(4)	4	MB08011	粘米漿	4 兩	9	N
18	B10005	香煎蘿蔔糕(4)	4	MB07014	白蘿蔔絲	8 兩	10	N
19	B10005	香煎蘿蔔糕(4)	4	MB02017	臘腸	3.2 兩	36	N
		香煎蘿蔔糕(4)小計					55	
20	B10006	芋絲炸春捲(4)	4	MB08006	春捲皮	4 兩	15	N
21	B10006	芋絲炸春捲(4)	4	MB02007	肥肉(白表,中油,板油)	0.5 兩	1	N
22	B10006	芋絲炸春捲(4)	4	MB07050	韭黃	1.2 兩	6	N
23	B10006	芋絲炸春捲(4)	4	MB05002	草蝦仁	0.8 兩	13	N
24	B10006	芋絲炸春捲(4)	4	MB02007	肉絲	8 兩	25	N
		芋絲炸春捲(4)小計					60	

餐飲管理
資訊系統

（續） 表 6-4 成本明細表

序號	產品代號	產品	份量	原料代號	原料	原料使用量（單位）	成本	為耗品
25	B10008	桂林馬蹄酥-(條)(4)	4	ML11092	白菜低筋麵粉	1.2 兩	1	N
26	B10008	桂林馬蹄酥-(條)(4)	4	MB08002	馬蹄粉	0.4 兩	3	N
27	B10008	桂林馬蹄酥-(條)(4)	4	ML11143	特砂糖	2 兩	1	N
28	B10008	桂林馬蹄酥-(條)(4)	4	MB07015	馬蹄肉(勃齊)	2 兩	6	N
		桂林馬蹄酥-(條)(4)小計					11	
29	B10009	蓮蓉芝麻球(4)	4	MB10005	白芝麻	4 兩	12	N
30	B10009	蓮蓉芝麻球(4)	4	MB10007	豆沙	6 兩	19	N
31	B10009	蓮蓉芝麻球(4)	4	MB08003	澄粉	1.6 兩	4	N
32	B10009	蓮蓉芝麻球(4)	4	MB08010	糯米漿	6 兩	13	N
		蓮蓉芝麻球(4)小計					48	
33	B10011	椰子糕(4)	4	ML11143	特砂糖	1.5 兩	1	N
34	B10011	椰子糕(4)	4	ML11080	白明膠	0.3 兩	4	N
35	B10011	椰子糕(4)	4	ML11105	動物鮮奶油	0.15 罐	20	N
36	B10011	椰子糕(4)	4	ML11027	椰漿	0.3 罐	12	N
		椰子糕(4)小計					37	
37	B10012	蛋黃豆沙包(4)	4	ML11092	白菜低筋麵粉	4.8 兩	4	N
38	B10012	蛋黃豆沙包(4)	4	MB10020	綠豆茸	5.2 兩	23	N
39	B10012	蛋黃豆沙包(4)	4	MB06002	鹹蛋黃	2 個	10	N
		蛋黃豆沙包(4)小計					37	
40	B10016	清蒸蟹肉球(4)	4	MB02007	肥肉(白表,中油,板油)	0.8 兩	1	N
41	B10016	清蒸蟹肉球(4)	4	MB05002	草蝦仁	4 兩	65	N
42	B10016	清蒸蟹肉球(4)	4	MB05005	越前棒-台式	1.2 兩	1	N
43	B10016	清蒸蟹肉球(4)	4	MB05004	花枝肉	1.2 兩	14	N
		清蒸蟹肉球(4)小計					81	
44	B10006	椰果西米露(4)	4	MB10004	奶油	0.13 兩	0	N
45	B10006	椰果西米露(4)	4	MB08012	西米	5 兩	9	N
46	B10006	椰果西米露(4)	4	ML11143	特砂糖	4 兩	3	N
47	B10006	椰果西米露(4)	4	ML11027	椰漿	0.5 罐	20	N
48	B10006	椰果西米露(4)	4	ML10003	椰果	2.5 兩	14	N
		椰果西米露(4)小計					46	
		總計					650	

損益表

表 6-5 進貨單及進退單列印

序號	日期	產品名稱	產品代號	所在倉庫	數量	單位	單價	總金額	單號
1	93/07/03	蟹腿肉	MB0500	倉庫	3	包	180	540	10703b04
2	93/07/03	草蝦仁	MB0500	倉庫	400	兩	16.25	6500	10703b04
3	93/07/03	鹹蛋黃	MB0600	倉庫	20	個	5	100	10703b05
4	93/07/03	韭菜	MB0700	倉庫	16	兩	1.25	20	10703b05
5	93/07/03	馬蹄肉	MB0701	倉庫	8	兩	3.125	25	10703b05
6	93/07/03	石斛蘭	MB0702	倉庫	2	支	18	36	10703b05
7	93/07/03	澄粉	MB0800	倉庫	160	兩	2.1875	350	10703b48
8	93/07/03	春捲皮	MB0800	倉庫	48	兩	3.75	180	10703b48
9	93/07/03	水餃皮	MB08010	倉庫	16	兩	2.5	40	10703b48
10	93/07/03	廣東大	MC0100	倉庫	1264	兩	3.125	3950	10703c08
11	93/07/03	大油雞	MC0100	倉庫	48	兩	3.3125	159	10703c08
12	93/07/03	廣東生蠔	MC0700	倉庫	2	斤	60	120	10703c05
13	93/07/03	西巴利	MC0700	倉庫	1.5	斤	50	75	10703c05
14	93/07/03	小黃瓜	MC0701	倉庫	2	斤	35	70	10703c05
15	93/07/03	大油雞	MD0100	倉庫	352	兩	3.3125	1166	10703d08
16	93/07/03	雞骨	MD0101	倉庫	160	兩	0.625	100	10703d08
17	93/07/03	小排	MD0200	倉庫	160	兩	5	800	10703d02
18	93/07/03	虎掌	MD0202	倉庫	304	兩	10	3040	10703d02
19	93/07/03	蘭花	MC0702	倉庫	5	隻	18	90	10703c05
20	93/07/03	七星鱸魚	MD0520	倉庫	88	兩	5.625	495	10703d04
21	93/07/03	飯菜魚	MD0521	倉庫	243	兩	3.75	911.25	10703d04
22	93/07/03	九孔	MD0500	倉庫	72	兩	18.75	1350	10703d04
23	93/07/03	搶蟹	MD0530	倉庫	320	兩	17.5	5600	10703d04
24	93/07/03	田雞腿	MD0501	倉庫	560	兩	10.313	5775	10703d03
25	93/07/03	鮮帶子	MD0501	倉庫	400	兩	21.25	8500	10703d04
26	93/07/03	冷凍鱔魚	MD0500	倉庫	64	兩	13.75	880	10703d03
27	93/07/03	活砂石班	MD0522	倉庫	56	兩	1.75	770	10703d04
28	93/07/03	冷凍旭魚	MD0530	倉庫	320	兩	8.75	2800	10703d04
29	93/07/03	蒜末	MD0700	倉庫	32	兩	2.5	80	10703d05
30	93/07/03	青蔥	MD0700	倉庫	240	兩	1.75	420	10703d05
31	93/07/03	紅辣椒	MD0700	倉庫	80	兩	1.875	150	10703d05
32	93/07/03	嫩薑	MD0701	倉庫	80	兩	1.875	150	10703d05
33	93/07/03	芋頭	MD0701	倉庫	64	兩	2.5	160	10703d05

續　表6-5　進貨單及進退單列印

序號	日期	產品名稱	產品代號	所在倉庫	數量	單位	單價	總金額	單號
34	93/07/03	小白菜	MD0702	倉庫	112	兩	1.125	126	10703d05
35	93/07/03	杏菜	MD0702	倉庫	160	兩	1.5625	250	10703d05
36	93/07/03	芥菜	MD0703	倉庫	160	兩	1.875	300	10703d05
37	93/07/03	廣東生菜	MD0704	倉庫	64	兩	3.75	240	10703d05
38	93/07/03	銀芽	MD0704	倉庫	16	兩	1.875	30	10703d05
39	93/07/03	冬瓜	MD0704	倉庫	88	兩	0.75	66	10703d05
40	93/07/03	山蘇	MD0706	倉庫	32	兩	8.75	280	10703d05
41	93/07/03	茭白筍	MD0707	倉庫	80	兩	3.75	300	10703d05
42	93/07/03	青蘆筍	MD0708	倉庫	240	兩	7.5	1800	10703d05
43	93/07/03	麻筍絲	MD0708	倉庫	48	兩	2.8125	135	10703d05
44	93/07/03	三丁粒	MD0710	倉庫	2	包	40	80	10703d05
45	93/07/03	水豆腐	MD0602	倉庫	25	塊	4	100	10703d05
46	93/07/03	豬血	MD0711	倉庫	128	兩	0.75	96	10703d05
47	93/07/03	青豆仁	MD0711	倉庫	1	包	50	50	10703d05
48	93/07/03	陽春麵	MD0800	倉庫	80	兩	1.25	100	10703d05
49	93/07/03	皮蛋	MD0604	倉庫	20	個	5	100	10703d05
50	93/07/03	年糕	MD0712	倉庫	32	兩	3.75	120	10703d05
51	93/07/03	雞腿	MC0100	倉庫	136	兩	3.25	442	10703c08
52	93/07/03	花蟹(倒	MD0531	倉庫	160	兩	6.875	1100	10703d04
53	93/07/03	香菜	MD0702	倉庫	4	把	35	140	10703d05
54	93/07/03	九重塔	MD0704	倉庫	8	兩	1.25	10	10703d05
55	93/07/03	蓮子罐	ML1100	倉庫	48	罐	40	1920	91070301
56	93/07/03	栗子罐	ML1100	倉庫	48	罐	30	1440	91070301
57	93/07/03	中華豆腐	MD0600	倉庫	10	盒	10	100	10703d05

(二)銷售與庫存管理

關於「銷」的部分，也就是前場的餐廳服務人員在每一次為客人點完餐點之後鍵入系統中，廚房人員再依照系統印表機所列印的項目製作餐點，完成銷售的動作。餐飲管理資訊系統除了利用服務人員點菜進而計算帳單金額之外，也利用這些點菜的資料同步進行產品銷售排行報表的統計以及廚房庫存的資料更新。因為先前鍵入了每一道菜色的食譜，系統將會自動依照食譜的內容，就每一項原物料進行扣減，得到理想的最新庫存數據也就是「存」的功能，參考表6-6。

損益表

表 6-6　倉庫盤點清冊

產品編號	產品名稱	單位	盤點數量	產品編號	產品名稱	單位	盤點數量
MM11003	黃酒	罐	12 罐	MM11011	雪若蘭紅酒	罐	27 罐
MM11003	黃酒	罐	9 罐	MM11012	三多利角并	罐	22 罐
MM11004	紹興酒	罐	17 罐	MM11012	三多利角并	罐	17 罐
MM11004	紹興酒	罐	17 罐	MM11013	百吉威士忌	罐	16 罐
MM11005	陳年紹興酒	罐	5 罐	MM11013	百吉威士忌	罐	9 罐
MM11005	陳年紹興酒	罐	15 罐	MM11014	金冠威士忌	罐	10 罐
MM11006	精釀陳紹	罐	11 罐	MM11014	金冠威士忌	罐	10 罐
MM11006	精釀陳紹	罐	15 罐	MM11016	豪門威士忌	罐	14 罐
MM11007	臺啤	罐	47 罐	MM11016	豪門威士忌	罐	14 罐
MM11007	臺啤	罐	34 罐	MM11018	禮炮 21 年	罐	2 罐
MM11008	生啤	罐	3 罐	MM11018	禮炮 21 年	罐	3 罐
MM11008	生啤	罐	9 罐	MM11019	金門高粱酒(二)	罐	7 罐
MM11009	約走 12 年	罐	26 罐	MM11019	金門高粱酒(二)	罐	11 罐
MM11009	約走 12 年	罐	51 罐	MM11032	雪諾特酒	罐	3 罐
MM11010	15 年綠牌	罐	9 罐	MM11032	雪諾特酒	罐	3 罐
MM11010	15 年綠牌	罐	6 罐	MM11033	美迪紅酒	瓶	51 瓶
MM11011	雪若蘭紅酒	罐	40 罐	MM11033	美迪紅酒	瓶	40 瓶

　　除了透過外場服務人員點餐使，餐飲資訊系統自動從庫存中進行食材物料的減項之外，另有一種庫存增減項的情況發生就是調撥。食材物料的調撥情況不但常發生在大型飯店內不同餐廳、連鎖餐廳分店之間，甚至是單一餐廳內吧台與廚房之間也會有類似情況發生。就經營管理者的角度而言，即使是單一餐廳內的吧台與廚房也可以視為二個不同的利潤中心，各自對其業績與成本進行掌控管理。只要物料庫存掌握得宜避，免資金過度積壓於庫存物料上，盡力使物料及現金能保持高度的週轉率就是件好事，正所謂的「貨暢其流、物盡其用、人盡其才」。然而對於調撥的管理，就有賴部門

間倉管人員的落實執行，只要物料有調撥發生就必須依規定填寫調撥單，並鍵入餐飲資訊系統中，以幫助系統正確掌握庫存狀況，參考表6-7。

表 6-7　調撥成本查詢

序號	調撥日期	來源倉庫	目的倉庫	產品編號	產品名稱	調撥數量	單位	單位成本	調撥成本
1	93/06/30	倉庫	外場倉庫	ML11053	牛頭芥茉粉	6	缶	150	900
2	93/06/30	倉庫	外場倉庫	ML11053	牛頭芥茉粉	6	缶	150	900
3	93/06/30	倉庫	外場倉庫	ML11111	大紅醋	6	缶	115	690
4	93/06/30	倉庫	外場倉庫	ML11111	大紅醋	6	缶	115	690
5	93/06/30	倉庫	外場倉庫	ML11111	大紅醋	6	缶	115	690
6	93/06/30	倉庫	外場倉庫	ML11119	醬油	6	桶	60	360
7	93/06/30	倉庫	外場倉庫	ML1119	醬油	6	桶	60	360
8	93/06/30	倉庫	外場倉庫	ML1119	醬油	6	桶	60	360
9	93/06/30	倉庫	外場倉庫	ML11121	辣椒醬	3	桶	100	300
10	93/06/30	倉庫	外場倉庫	ML11121	辣椒醬	3	桶	100	300
11	93/06/30	倉庫	外場倉庫	ML11121	辣椒醬	6	桶	100	600
12	93/06/30	倉庫	外場倉庫	ML11150	椒醬	1	盒	100	230
13	93/06/30	倉庫	外場倉庫	ML11023	杭菊	1	包	230	190
14	93/06/30	倉庫	外場倉庫	ML11023	杭菊	3	包	190.3333	571
15	93/06/30	倉庫	外場倉庫	ML11024	香片	5	包	190.3333	452
16	93/06/30	倉庫	外場倉庫	ML11025	鐵觀音	80	包	90.46667	8760
17	93/06/30	倉庫	外場倉庫	ML11025	鐵觀音	80	包	109.5	8760
18	93/06/30	倉庫	外場倉庫	ML11026	烏龍茶	5	包	109.5	452
19	93/06/30	倉庫	外場倉庫	ML11026	烏龍茶	5	包	90.4	452
20	93/06/30	倉庫	外場倉庫	ML11026	烏龍茶	5	包	90.4	452
21	93/06/30	倉庫	外場倉庫	ML11026	烏龍茶	5	包	90.4	452
22	93/06/30	倉庫	外場倉庫	ML11026	烏龍茶	5	包	90.4	452
23	93/06/30	倉庫	外場倉庫	ML11026	烏龍茶	5	包	90.4	452
24	93/06/30	倉庫	外場倉庫	ML11027	普洱茶	1	包	85.7	86
25	93/06/30	倉庫	外場倉庫	ML11027	普洱茶	5	包	85.7	428
26	93/06/30	倉庫	外場倉庫	ML11027	普洱茶	5	包	85.7	428
			外場倉庫小計						28767
			總計						28767

損益表

(三)食物成本追蹤

　　資訊系統中的進銷存功能，基本上是假設沒有其他人為的浪費、耗損或因食物過期報廢丟棄等變數，而只是單純就進貨數量扣減銷貨數量而得到的理想庫存數量。這樣的數字其實只是提供管理者作為參考之用，並無法做為真正損益表的依據，因為餐廳的運作過程難免會有發生服務員點錯菜、打翻、客人不耐久候、跑錯桌、甚至廚房做錯菜色或食材過期報廢的情事發生。這些情況產生時都會直接造成食物成本的發生，但是卻不會將這些食物的價錢反映到客人的帳單上，而造成食物成本產生卻無營業額跟著產生的情況，食物成本率當然會隨之提高。

　　在餐飲資訊系統中有刪除作廢的功能，餐廳主管利用經過授權的密碼或磁卡可以進入系統中，將不需客人付費的菜色刪除掉。例如客人點用的柳橙汁在送到客人桌前不慎被打翻，服務人員必須重新再鍵入一杯柳橙汁，讓吧台重新憑單製作新的一杯柳橙汁，送到客人桌上。但是客人實際只需付一杯柳橙汁的錢，因此餐廳現場主管在了解事件始末之後，必須進入系統中將第二杯柳橙汁從帳單中刪除，並選擇適當的刪除原因，俾利日後追蹤食物成本流向。通常系統中的刪除原因可由餐廳自行依照需求預先設定，其中不外乎打翻、點錯、口味不合、上錯桌、客人久候、系統測試等原因。

　　日後當發現食物成本偏高時，自然可以對照銷售統計報表以及刪除做廢報表了解其中原因，進而對症下藥針對容易犯錯的員工進行再訓練，或是調整廚房印表機所列印菜單的字體大小，甚至將容易混淆的菜色調整畫面上的位置減少錯誤發生等。

第二節　人事薪資及相關費用

　　誠如第四章中所提及，人事薪資在餐廳所有經營成本中是一個非常具有舉足輕重的要項。一般來說為能有效掌握各項成本費用，餐飲業多半會將人事費用壓低在30%以內，才能較有機會保有設定的利潤目標。而關於人事成本的幾項要領請參閱第三章所述。

　　在損益表中一般多將人事薪資費用分為以下幾個項目：

一、前場人員薪資

　　前場人員的薪資費用包括外場服務員、餐務員、吧台人員、領台等部門。

二、後場人員薪資

　　後場廚師、前置準備區的準備人員、倉管人員的薪資費用。

三、其他薪資

　　通常是指一些非正式部門或特約人員的薪資，以餐廳的經營型態為例，則有可能是代客泊車的人員或洗碗人員。以目前台北地區代客泊車行業的生態而言，因餐廳多半無力規劃停車空間供顧客使用而且路邊停車位多半不足，所以餐廳通常會考慮以契約方式與代客泊車業者合作，採低底薪隨車抽佣或小費自領的方式，以解決客人的停車問題。代客泊車人員因多半未正式隸屬於餐廳，因此在其薪資上會與前場人員薪資有所區隔。而洗碗人員也有類似情況，餐廳負責提供洗碗所須之空間、機器設備、清潔耗品等，而洗碗人員則會由個人或公司承包負責餐具洗滌的工作，並自行調度其人力、休假安排等以達成餐廳的要求。

損益表

四、訓練費用

　　對於像餐飲業這般屬於人力密集的服務業而言，為能確保餐廳服務品質，強化員工的工作執行能力並且提供員工的升遷管道，訓練成本自然成了餐廳必須有的預算。在訓練費用這個項下的費用除了包含了訓練員及受訓員進行教育訓練時的薪資費用外，也包括了訓練過程中所衍生的各項相關費用。例如：廚房人員進行烹調訓練所耗費的食材、外場人員為了解每一道菜的做法、口味及外觀所進行的試吃，另外還有訓練教材編制時所花費的人事成本、印刷裝訂費用等等都可以列入訓練費用之中。

五、保險及福利

㈠勞、健保

　　員工依法可以在工作場所參加勞工保險及全民健康保險，而且餐廳業主依法必須負擔部分的保險費，對於這些保險支出費用都在此項下提列。

㈡團保

　　有些餐廳為讓員工在工作上更有保障，會另行向民間保險公司購買團體意外保險。此部分的保險費用通常是業主自行為員工負擔可視為員工福利之一，保險費用亦同樣列於此項下。

㈢員工福利

　　體質較佳的餐廳或大型連鎖餐廳通常會明文規定員工福利，甚至成立福利委員會。舉凡員工的婚喪喜慶、搬家、生子等都有一定金額的補貼，對於優秀的員工甚至會有旅遊補貼等福利。上述的各種津貼支出都會由此項目中提列。

　　此外，對於三節的獎金、尾牙活動的預算、年終獎金的預算編列，也有許多餐廳固定在每個月依人事費用或業績採一定比例的提

撥，才不致在逢年過節的當月份造成過高的員工福利成本及現金壓力。

六、管理人員薪資

指的是餐廳營運現場副理級（含）以上管理幹部的薪資費用，廚房部門而言則包括了主廚及副主廚的薪資。但是餐廳後勤單位，例如連鎖餐廳的總管理處內的開發部、行銷部、會計部、人事部等人員，不論是基層事務人員或部門主管的薪資，都不在此項下提列。

七、業績獎金

餐廳業主為有效激勵員工及幹部士氣戮力創造業績並樽節開支，使利潤能夠擴大，通常會訂立一套獎金辦法來犒賞員工使利潤能夠分享，讓全體人員能夠更有歸屬感及責任心。至於獎金辦法的內容則依各餐廳而異，多半不外乎是設定業績目標或是設定利潤目標，而獎金的發放則可分為個人獎金或部門團體獎金，發放的時間則有可能是每週、每月或是每季發放。業主或管理幹部不妨在此多所著墨讓員工隨時保持高昂士氣爭取獎金，甚至壓低基本薪資並大幅提高員工獎金比例，更能為餐廳降低固定人事成本，降低經營風險。

但是相對的，在獎金制度實施之際也必須小心避免競爭惡質化，員工可能因為高度的競爭造成團隊合作的下滑、搶桌或造成客人面臨過度消費的壓力，長久下來反而對餐廳的形象及服務品質有負面影響。

綜上所述足見人事薪資費用對於一家餐廳的各式開銷而言，可以說是僅次於食物成本的一項重要成本。一般而言餐廳的人事成本務必要能控制在相對於營業額的30％以內，尤以25％為佳，如果超出此營業額的比例，則對於餐廳的利潤有相當大的影響。特別是鑒於勞基法的規定及為維護勞資和諧，餐廳業主一旦聘僱了員工就不能隨意解聘，因此人事成本對於整體的成本結構及利潤的表現可以說是具有舉足輕重的角色。

損益表

另一方面，餐廳的服務口碑有賴服務人員的優質化及對餐廳的歸屬感和向心力。因此對於表現優秀的員工更應要適才適所並不斷的給予專業的訓練來強化整體的員工素質並且維持高昂的士氣。而不論是訓練也好獎勵也罷也都是人事成本的增加，卻又都是不可省的費用，因此在人事成本的掌控上更是需要費心思量為是。

可控制管銷費用

可控制管銷費用(Controllable Expense)顧名思義就是餐廳經理人，透過其權限可管理運用的各項開銷。就一家餐廳的主要成本開銷而言，除了食物成本、人事薪資成本之外，就是可控制管銷費用了。舉凡水電瓦斯、行銷廣告、修繕保養、營運耗材等等都屬於可控制管理費用，這些費用通常都有一個特點就是看似小錢，其實卻是積沙成塔。因此更有賴管理者去留心注意是否這些資源被無意的浪費，精確計算合理使用量與盤點實際用量之間的差異性，才能守住這些由小錢所積成的大錢。

一、行銷費用(Marketing)

(一)廣告費用(Advertisement)

餐廳可以依照自身的型態、目標客群及預算在適當的媒體進行廣告以提升品牌知名度、來客數以及餐廳的形象。然而現今各式媒體眾多，如何能有效的尋找適合的媒體做廣告，則有賴管理者的仔細評估，舉凡電視、車廂、報章雜誌、電台、外牆、燈箱、參加各式活動或展覽、甚至是利用時下流行的數位工具像是網站、電子折價券(e coupon)、手機簡訊等都是考慮的媒體工具之一。

對大多數的餐廳而言，預算可以說是選擇媒體做廣告時的第一

考量。遍佈全省擁有多家分店的連鎖餐飲可以考慮電視、報紙、雜誌等全國性的媒體做廣告，雖然預算較高但相對的因為店家多，平均每一分店所分攤的比例也較能夠接受。藉由美食雜誌或其他娛樂性較高的雜誌來做廣告或是利用採訪報導進行曝光，也不失為一個好方式。而通常礙於預算的關係，也不妨在尋找廣告媒體時，將廣告交換或是以其他的回饋方式作為付款方式的一種變通方式。例如贊助餐券供媒體舉辦各類活動的獎品，或提供場地供媒體做其他的公開活動藉以達到曝光的目的。

(二)促銷費用(Promotion)

現今礙於市場的高度競爭，各家餐廳無不卯足全力、絞盡腦汁地規劃各式促銷活動，來吸引消費者上門，其中較常見的一種手法像是信用卡與餐飲業者間的異業結合。餐廳被銀行信用卡部門擁有上百萬持卡人的個人資料所吸引，而銀行也希望不斷的為持卡人爭取更多的優惠來吸引更多人申請辦卡，並且藉由帳單夾寄甚至是特別活動訊息的釋放(Solo DM)來做有效的曝光，再搭配優惠券或是特定的信用卡刷卡用餐，可以享有各式的優惠或加倍積點來吸引消費者申辦信用卡。這些各式各樣的信用卡促銷活動，也造成了持卡消費者、銀行以及餐廳三贏的局面。

其他如常在新聞畫面出現的一元促銷便當、大胃王比賽等也是餐飲業者為了能提高知名度吸引顧客上門的促銷花招之一，但實際的後續效果為何仍有待評估觀察。而上述舉各類促銷活動所衍生的相關成本費用，例如文宣設計印刷、派報等都在本會計項下提列。

二、員工餐飲(Employee Meal)

一般而言大多數餐廳都會提供員工伙食，相較於大型飯店多半每月依班表提供員工伙食券到員工餐廳用餐，一般的餐廳則對於員工餐的控管顯得有較多的彈性與變化。每家餐廳因自身型態的不同，相對的，對於員工餐的供應方式也有所不同。例如多數的速食

店因絕大多數員工均為工讀生且並無真正具有烹調員工伙食的器具設備與烹調技術，因此多半以自身餐廳的商品作為員工的伙食，如漢堡、三明治等。而有些餐廳則選擇外訂便當餐盒供員工食用，甚至有些餐廳為求管理上的便利，直接補貼伙食津貼給員工，讓員工於上班前或利用規定的用餐時間，自行外食解決用餐問題。相對於這些速食店礙於人力及設備無法製作員工餐，一般餐廳因有正式的廚房設備以及廚師多半具有良好廚藝，自然在員工餐的製作上更能兼顧菜色及口感的變化。雖然這種方式難免帶給廚房額外的工作負擔，但是好處也不在話下。

　　遇有逢年過節時，廚房師傅多半也會應景地為同事們製作可口的佳餚，而平常若遇有廚房正式的食材因滯銷擔心影響新鮮度或品質時，也可以透過食材調撥的方式製作成員工餐，讓員工餐來吸收這些食材成本，並可提高食材流通性，保持食材新鮮度。而平時廚房在進行日常的食材訂貨時，也會順便訂購員工餐的食材，並且交代廠商另行開立帳單，方便財務部門區別並將員工餐食材的帳單另行歸類為員工餐飲，而如有用到餐廳既有商品的食材時，也必須確實填寫調撥單避免造成食物成本的混亂。

三、水電瓦斯費用(Utilities)

　　水電瓦斯的費用可說是在餐廳的各項可控制費用中最花錢的項目之一。多數的餐廳為求裝潢美觀，用餐環境氣氛得宜，多半會在燈具的選擇及光線的搭配多費思量。然而，許多燈具雖然能營造出較具視覺效果的色調與層次，卻也可能是屬於高用電量的燈具。因此建議餐廳在規劃之初即能通盤規劃，例如選擇暖色系的省電燈具，此外委託專業人員進行用電評估與台電公司簽訂契約用電量、戶外廣告招牌裝設定時開關、或是規劃220V的電力及燈具以提供更穩定的電壓，適度裝置遮陽設備避免過度日照，以減輕冷氣空調的負擔並且定時作冷氣濾網及相關設備的保養、洗手間裝設省水馬

桶、紅外線感應定量給水的水龍頭等等，都不失為節省能源成本的好方法。對於烤箱及廚房設備而言也可考慮儘量採用以瓦斯作為能源的設備，會比以電力為加熱能源的設備來得經濟。

若餐廳位在百貨賣場等集中飲食區，則對於電力部分採獨立分表方式計算用電量，或是每家餐廳都擁有獨立的台電公司電表；公共區域用電分攤、水費計算、甚至是賣場中央空調的成本分攤都必須在簽訂租約時一併納入考量。

四、電話傳真長途控制、網際網路寬頻月價制度

日常訂貨、客人訂位的確認、連鎖餐廳之間的連繫、傳真菜單給客人是餐廳電話費的主要來源。特別是台灣當今堪稱為世界各國手機密度最高的國家之一，撥打行動電話給訂位的客人做確認，或是與廠商業務人員聯繫時多半會以行動電話作為聯絡方式，電信費用自然提高。為求效率及成本控制，不妨裝置長途電話控制器以限定通話時間，並以每月固定費率無限時數上網的方式簽訂網際網路契約，避免員工濫用餐廳電話才能有效控管電信費用。

五、制服

餐廳制服的設計與整體的裝潢、商標的設計、甚至餐具的選擇都可算是餐廳識別系統的一環。良好的制服設計不僅能讓員工穿起來顯得有朝氣有精神之外，好洗耐髒不易皺、員工肢體活動方便、廚房制服甚至必須考慮避免使用易燃材質等都是在制服規劃之初必須考量的。

對於較具特色且不易取得的制服，多半需要與特定的廠商簽約製作，因為屬於小規模的生產在單位成本上相對較高。像是具有塞外風情的蒙古風味餐廳，或是滿清時空背景十足的宮廷筵席，服務生通常會應景地穿起極具民族特色的服裝，過多的綴飾亮片除了容易妨礙員工工作之外，服裝的清潔保養也相對較困難。

損益表

因此在考量制服的選擇時，仍應考慮實用性及耐久性。而對於員工制服的汰舊換新也必須事先擬定一套折舊的辦法，對於離職員工，必須要求繳回制服之外，對於資深員工的制服也應定期更新以維護形象。這些製作制服所衍生的費用都列入制服的成本。

六、營運物料

舉凡餐巾紙、紙巾、牙籤、吸管、清潔用品、外帶餐盒、提袋、咖啡濾紙、桌墊紙、口布桌布、文具紙張、餐具、非設備類廚具（例如鍋、鏟、盆）等，因餐廳營運所必須使用的消耗性物料都屬於營運物料項下。這類物品因為項目繁多且使用消耗的速度不一，就有賴倉管或是主管人員細心控管並適量訂貨。

關於營運物料的成本管理，最重要的可說是掌握用量避免浪費。通常可以透過資訊系統中的銷售統計報表、營業日報表以取得每日的來客數、桌數、營業額等相關數據，進而對於消耗品訂出合理用量。例如，可以從來客數進而推斷出合理的口布、餐巾紙的用量；透過營業的桌數可以推斷出合理的桌布、桌墊紙的使用量；透過飲料的銷售統計得到吸管的合理用量，或是簡單地以營業額為基礎，訂定出每一萬元營業額所會使用掉的消耗品數量，循此方式來檢視消耗品是否被不當濫用甚至遭竊。

而在選擇消耗品的規格時，也不妨考慮市場佔有率較高的規格產品，以確保貨源充足且因達到相當的經濟規模量，取得的成本也較低。對於餐巾紙、衛生筷紙套、牙籤等多數餐廳會選擇印製餐廳名稱商標的消耗品，多半會一次大量製作也必須考慮儲藏空間是否充足，或委請廠商提供藏儲空間代為保管再分批進貨。

七、修繕保養(Repair & Maintenance)

餐廳各式大小設備繁多，例如外場的餐飲資訊系統、吧台的咖啡機、果汁機、廚房的各式爐具、烤箱、冷凍冷藏設備、鍋爐、洗滌設備、空調設備、消防設備及一般辦公設備都屬於餐廳營運時不

可或缺的重要設備。除了日常的清潔及初級保養之外,定期性的保養及耗材的汰換更是不可忽略,以免營運尖峰之際卻發生機器設備無法運作的窘境。

　　一般而言,新購的機器設備多半有原廠所提供的免費保固,其期間從半年至二年不等。而通常在保固即將到期之際,廠商多會自動向餐廳提出新年度的保養維修合約,雖然因此產生了額外的成本開銷,但是也多半能做到預防性的維修保養,避免機器設備無預警發生故障,而若真遇有故障報修情況產生時所得到的後續服務也較能得到合理的保障。

　　通常這些維修保養合約有幾項要點較值得觀察留意:

(一)價格是否合理

　　有些廠商為能提高整個維修合約的價錢,通常會加入許多的簡易初級保養內容,雖然這些保養動作仍屬必要,但是餐廳管理者可仔細思量將這些較簡易的項目刪除以節省費用,改由店內員工自行完成。通常這些工作不外乎各式冷凍冷藏設備的散熱葉片清潔、空調系統空氣濾網的定期清洗或更換、飲水系統的濾新更換、咖啡機、磨豆機定期調校、電腦系統定期整理備份、掃毒等工作,除了可以省下更多的維修保養經費,也能藉此了解各項設備的運作原理,方便與專業技師的溝通。

(二)維修的效率

　　簽訂維修保養合約最主要的目的就是透過平日的保養,將故障的機率減少或提前發現,使對營運的傷害降至最低。但是機器設備終究有其使用年限,在未能有預警的情況下發生故障也在所難免。因此若有需要維修技師來店維修時,他們到達餐廳的時效也就成了合約服務項目中最重要的一環。

　　通常在維修合約中可以清楚載明,從餐廳通知故障報修起算,工程人員必須於多少時限內達到現場進行維修,並依照故障的程度

於特定的時間內完成維修使其恢復運作。

(三)備品的提供

對於偶有發生維修廠商無法於特定時間內完成修復動作，其中原因繁多舉凡零件缺貨待料中、維修技術遇到瓶頸、須與上游廠商會勘或是與其他廠商的設備有連動關係時，簽約廠商是否能及時提供備品或其他相同功能的設備給餐廳使用，使營運不致遭受過大衝擊。

(四)耗材的計費

對於耗材的更換其材料費是否併入維修合約的費用之中，如果是已經併入整體的合約金額仍建議請簽約廠商將明細及價目清楚列出，與服務工資部分能有所區隔。如此餐廳可以就工資及材料部分仔細斟酌，確定其報價是否合理。一般而言簡易的耗材例如燈泡、飲水系統濾心、影印機、印表機之碳粉盒匣或墨水匣均可以考慮至量販店購得較便宜的耗材。

八、管理清潔費(Janitor Clean)

(一)洗滌劑

餐廳為維護一個清潔衛生的用餐及烹飪環境，每日確實的清洗擦拭及定期的消毒滅蟲是絕對不可省略的一項工作及費用。現今大多數的餐廳多半設有專業的洗滌設備來做餐具杯具的洗滌，因此洗滌工作已較以往來得簡單且專業。

透過適當的訓練即可由店內員工來操作洗滌設備，但是相對的，這些專業的洗滌設備所搭配的清潔藥劑，也較傳統的沙拉脫來得昂貴許多。因此正確了解洗滌設備的工作原理，及正確的操作流程，便能省下不少的藥劑成本。舉例來說：

1.以正確的洗滌架來放置適當的餐具：這些專業的洗滌設備多半

附有需另外選購的各式洗滌架來放置餐具以進入洗滌槽。這些洗滌架多半經過專業的設計，舉凡耐熱度、堪用性、支架的長短、及最重要的提供藥劑及熱水進入餐具或杯具內部的入水孔的口徑大小及數量，都在在影響洗滌的效果，如果沒有使用適當的洗滌架，不但餐具無法正確洗滌乾淨，也無形中浪費了許多的藥劑。

2. 以噴槍水柱預洗菜渣及油漬：一組良好的洗滌設備包括了相關的前置設備。例如工作台、水槽及附有高溫熱水及足夠水壓的噴槍。洗滌人員在將餐具送進洗滌槽前可透過簡單的預洗方式，例如以水槍將沾附在盤上的細微菜渣及油漬先行沖落，可提高洗滌的效果。

3. 勤於更換洗滌機內的循環水及清理過濾槽：洗滌機洗淨餐具的原理類似於酸鹼值的平衡。長時間的連續使用將使槽內的循環水酸度提高，此時洗滌機為了要有效洗淨餐具就會自動釋放更多的藥劑（即鹼性物質）來平衡水質。如果能勤於換水並順便將洗滌槽內過濾槽中的菜渣清除，便能使機器更有效率的洗滌而不至於不斷加重洗劑的份量。

4. 水溫的定期檢測：透過定期的專業維修保養來確認洗滌及沖洗時，機器是否能正確提供適當溫度的熱水。尤其是沖洗餐具時，機器會順帶導入化學乾精使餐具能在洗滌完成後的數十秒之間，完成水分蒸發的效果。如果水溫不夠除了將影響餐具的乾燥效果之外，也浪費了化學乾精的使用。

綜上所述，這些清潔藥劑的成本費用與是否正確操作洗滌流程有著緊密的關聯，如果能夠有效利用洗滌設備的效能，便能省下不少的洗滌劑費用。

損益表

(二)垃圾處理

此外,現今因環保法規更臻嚴苛,餐廳垃圾的分類也不斷提升標準,再者台灣多數城市開始實施垃圾不落地政策。然而環保局的垃圾車前來蒐集垃圾時未必能與餐廳的營運所需相契合。換句話說,若垃圾車在餐廳未結束營業前即收走垃圾,勢必造成有其他垃圾或廚餘必須滯留在餐廳至隔日,這無形中給了蟲鼠絕佳的環境,對於餐廳的飲食衛生有極大的威脅。因此,多數的餐廳不惜成本與合法的環保清潔公司簽約,每日在約定的時間前來收集垃圾、食餘、及資源分類回收的瓶罐紙張等。利用與環保清潔公司簽約來解決餐廳的垃圾問題,雖然成本提高些許卻也在營運面有了極大的方便,並可避免滋生蟲鼠甚至禍害鄰居造成民怨,也算兼顧餐廳在鄰里間的公共關係。

(三)消毒除蟲

雖說因為與環保清潔公司簽約,可以大幅避免垃圾滯留餐廳內至隔日的情況產生,但是定期的消毒或是滅蟲的動作仍不可省略。目前市面上有多家專業的除蟲公司,建議不妨多做比較尋找價錢合理、專業的除蟲公司定期到餐廳內消毒,以維護環境衛生。

(四)餐廳清潔維護

餐廳每日必須利用夜間打烊後安排人力將餐廳內外做徹底的清潔。舉凡外場的地面清掃、拖地、打蠟、地毯清洗、玻璃鏡面擦拭、銅條上油、化妝室的刷洗、或廚房內場的排煙罩、爐具、烤箱、截油槽、地板、壁面、檯面的刷洗等等都是不可忽略的清潔項目。餐廳業主可以依自身的預算安排雇工每日進行清潔工作或是與專業又有效率的清潔公司簽約委外處理。

上述所提及的洗滌劑、垃圾處理、消毒除蟲、餐廳清潔這些項目所衍生的人力物力成本均在管理清潔費項下支應提列。另外有些

位於百貨商場美食街的餐飲業者，因為地緣的關係可能會由所在的商場百貨公司負責進行大部分的清潔、消毒、甚至餐具洗滌的工作，再由店家依照坪數大小或業績比例負擔這些成本，統一由商場直接逕自營業額中扣除清潔費用、房租、水電等相關費用後在匯入這些店家的帳戶。

九、產物保險(Property Insurance)

餐廳通常會為其產品投保責任險，以避免萬一因為食物不潔或，不當保存造成客人食物中毒或其他狀況時，所必須面臨的道義及法律責任。除了產物責任險之外，餐廳也可以依照自身的預算需求或是週邊環境的特性加保火險、地震險、風災險竊盜險等項目，以提高餐廳業主的營業資產設備的保障。

十、現金差異(Cash Over/Short)

在正常的情況下，餐廳每日的實際現金營收及信用卡刷卡營收，都必須與餐飲資訊系統所提列的營收報表（表 6-8）以及發票機的日結帳金額相符。偶有發生出納人員找錯零錢或是刷卡金額鍵入錯誤卻未能及時發現，而在當日打烊做營收核對時又疏忽未能及時發現，就會造成當日的現金差異產生。但是如果是在同屬一會計時段內（例如以一個月會計結帳時段）能由相關當事人賠償補入差額，則在損益表上仍不會提列出來。正常的情況下，此會計項目應為正負零。

十一、信用卡手續費(Credit Card Charge)

刷卡消費的比例一直以來始終居高不下的原因，不外乎消費者消費習性的改變，也就是所謂塑膠貨幣時代的來臨。再加上銀行業者為賺取店家的刷卡手續費及消費者的循環利息，無不卯足全勁不斷推出各式聯名卡、認同卡以及刷卡積點得利的各項活動。餐廳為方便顧客消費時付款工具的多樣選擇，也多半會與銀行業合作安裝

刷卡機以應付需求，並且支付消費金額中 1.5～4% 不等的手續費。餐廳業者不妨考量自身的客群選擇接受適當的信用卡品牌，在尋求手續費合理且服務好的銀行業者配合裝置刷卡機。

十二、其他費用(Other Expenses)

餐廳內若有其他費用發生是屬於可由管理者管理掌控且不屬於上述任一項會計項目者，皆可於本項提列。

十三、可控制費用總額(Total Controllable Expenses)

即為自第 27 項『行銷費用』起至第 39 項『其他費用』的總額。

表 6-8　客戶消費明細表付款記錄

序號	單據編號	消費日期	餐　　廳	客戶編號	名稱	付款方式	付款金額	發票號碼	出納	說明
1	9307030001	93/07/03	江浙天成樓			客戶簽帳	25140		1	
2	9307030002	93/07/03	江浙天成樓			現金付款	660		1	
3	9307030003	93/07/03	江浙天成樓			信用卡	682		1	
4	9307030004	93/07/03	江浙天成樓			信用卡	966		1	
5	9307030005	93/07/03	江浙天成樓			現金付款	484		1	
6	9307030006	93/07/03	江浙天成樓				0		1	
7	9307030008	93/07/03	江浙天成樓			信用卡	1219		1	
8	9307030009	93/07/03	江浙天成樓			信用卡	817		1	
9	9307030010	93/07/03	江浙天成樓			信用卡	990		6	
10	9307030011	93/07/03	江浙天成樓			現金付款	1197		6	
11	9307030012	93/07/03	江浙天成樓			信用卡	2397		6	
12	9307030013	93/07/03	江浙天成樓			現金付款	1197		1	
13	9307030014	93/07/03	江浙天成樓			信用卡	1078		1	
14	9307030016	93/07/03	江浙天成樓			信用卡	1197		6	
15	9307030017	93/07/03	江浙天成樓			信用卡	990		6	
16	9307030018	93/07/03	江浙天成樓			信用卡	2266		6	
17	9307030019	93/07/03	江浙天成樓			客戶簽帳	14311		1	
18	9307030020	93/07/03	江浙天成樓			現金付款	520		1	
19	9307030021	93/07/03	江浙天成樓			現金付款	633		6	
20	9307030022	93/07/03	江浙天成樓			信用卡	1131		1	
21	9307030023	93/07/03	江浙天成樓			客戶簽帳	3885		1	
22	9307030024	93/07/03	江浙天成樓			信用卡	1021		6	
23	9307030025	93/07/03	江浙天成樓			信用卡	2314		1	
24	9307030026	93/07/03	江浙天成樓			信用卡	429745		1	
25	9307030027	93/07/03	江浙天成樓			現金付款	14957		1	
26	9307030028	93/07/03	江浙天成樓			現金付款	2275		6	
27	9307030030	93/07/03	江浙天成樓			現金付款	8311		1	
28	9307030031	93/07/03	江浙天成樓			客戶簽帳	12668		1	
29	9307030032	93/07/03	江浙天成樓			現金付款	120		6	
30	9307030033	93/07/03	江浙天成樓			信用卡	1543		1	
31	9307030035	93/07/03	江浙天成樓			現金付款	400		1	
32	9307030037	93/07/03	江浙天成樓			信用卡	11704		1	
33	9307030015	93/07/03	江浙天成樓	VIP00041	林建村	信用卡	1059		1	
				VIP00041 小計			1059			
				總計			164077			

損益表

第四節 扣除可控制費用後之利潤
(Profit After Controllable Expenses, PACE)

　　正如本章第一節導論中所述，損益表可說是餐廳經營者或管理者的一份成績單，而業界多半習稱為PACE百分比。有了足夠的營業量體加上有效的經營管理，始能有不錯的PACE百分比。因為餐廳的營收及各項直接成本都已在上述提列，剩下來的現金盈餘成了經營者的現金收入，以連鎖餐廳而言，PACE的金額並未包括支應總管理處的房租、人事、及各項管銷費用，因此就經營業主而言，統籌各家分店的現金盈餘並支付現場管理者的不可控制費用，例如不動產成本使用、權利金、折舊費用、利息費用等之後才屬於盈餘。

PART 3

操　作　篇

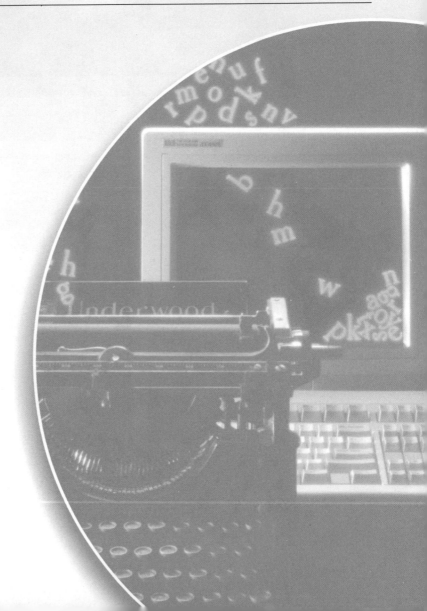

第七章

餐飲管理系統

前言

　　「美食家餐飲管理系統」是傳動智慧、集結餐飲管理顧問群及餐廳店經理與老闆們的實際經驗而做成的一套餐廳全面性解決方案。我們瞭解，餐廳經營者所需要的是一套「有效率」的管理機制，不但可以即時管理「被動的」餐廳營收、進銷存、人事差勤、會計總務，更要能「主動的」創造餐廳績效。例如：增加來客人數、提升餐桌迴轉率、加強來客率等等。我們更加入了即時監控功能，不論您在國內或國外，都可透過網路連線回店察看工作狀況、查詢即時營收，並一手掌握店內最新狀況。

　　「美食家餐飲管理系統」本系統適用於各類別的餐飲行業，不論是中式餐飲業、西式餐飲業、速食餐飲業、娛樂、KTV餐飲業、PUB、啤酒屋業，均適用本系統來達到餐廳的全面控管。

　　本系統採用友善的圖形介面，即時顯示桌況、點餐、結帳、分帳、訂桌情況，提供多種商業行為如招待、併桌、拆桌、換桌等相關作業，且可選擇結帳順序，操作容易，能將餐廳全部資訊一手掌握。本系統在於軟體整合性高與POS設備擴充性佳，也可搭配觸控點餐或PDA無線設備，以及支援遠端（吧台或廚房）的控管，可減少人力的支出及效率的提高。

　　「美食家餐飲管理系統」提供分析的圖表與成本 BOM 的控管，可以讓餐飲業者大大降低費用的支出，人力需求的減少，而讓餐廳快速享受到利潤的甜果及成本快速回收，這即是本系統最大的優點所在。

一、功能架構圖

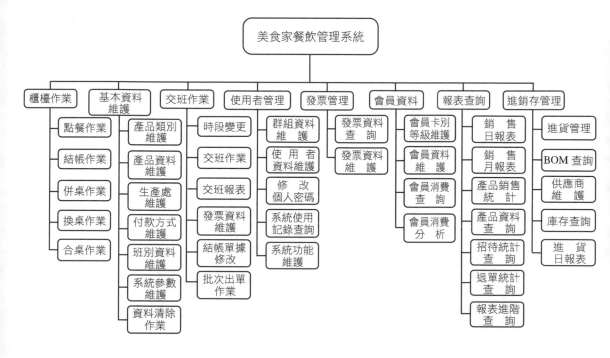

餐飲管理系統

二、工作平台及資料庫

　　❋工作主機：Windows 98/NT/2000/XP

　　❋資料庫：Inter Base

三、系統需求

　　❋Windows98（含）以上版本。

　　❋Intel Pentium III 級數或以上的 CPU。

　　❋128MB（含）以上記憶體（256MB 會有較佳的效能）。

　　❋10GB 硬碟空間（完全安裝）。

　　❋彩色 VGA 顯示介面（800*600 解析度）。

四、搭配設備

　　❋POS 設備－發票機、價格顯示器、錢櫃、掃瞄器

　　❋觸控式一體成型 POS

　　❋Panel PC

　　❋PDA 無線傳輸（可以減少服務生及工作站）

　　❋Mega PC

　　❋音響桌上型電腦

　　❋盤點機

　　❋熱感式出單機

　　❋條碼機

　　❋讀卡機

　　❋讀卡機

　　❋程式鍵盤

　　❋無塵式印表機

　　❋無線網路設備

　　❋固定 IP 網路

　　❋數位監控系統

餐飲管理
資訊系統

 系統安裝程序

一、安裝步驟

Step1：請先自行至以下網址下載 Interbase 試用版，並安裝完成。
http://www.borland.com/products/downloads/download_interbase.html

Step2：將『餐飲管理系統』的光碟片放入光碟機中，並執行SETUP
安裝程式，依畫面指示安裝即可完成。

Step3：在完成安裝過程後，從工作列「開始」指向功能表的「程
式集」，出現《美食家》，執行「元件安裝程式」。

餐飲管理系統

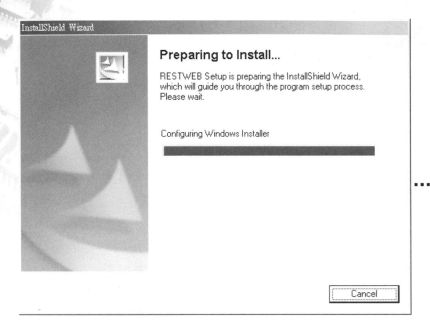

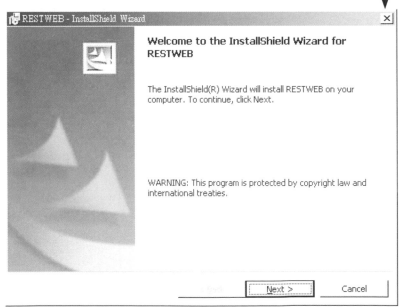

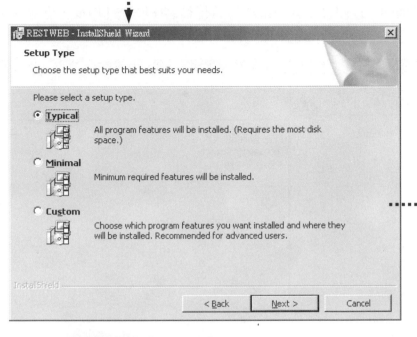

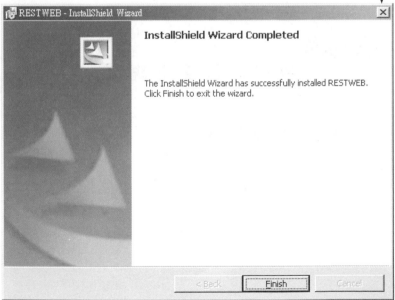

餐飲管理系統

Step 4：打開餐飲管理系統的執行檔案(RESTWEB)後，點選左上
方按鈕連結網路，即可進入系統登入畫面。

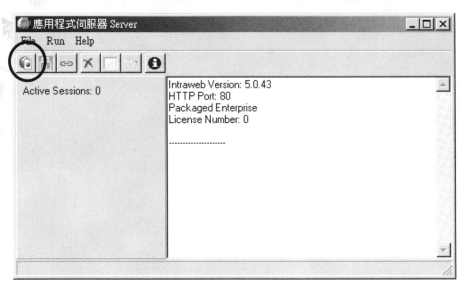

功能操作使用說明

一、登錄／離開／重新登錄系統

㈠登錄系統

1. 開啟『餐飲管理系統』應用程式，鍵入正確「帳號」及「密碼」
資料，按下「登入」即可進入本系統。

餐飲管理
資訊系統

帳號：CC　密碼：CC。

2. 當輸入的資料是錯誤時，系統會出現「使用代碼或密碼錯誤」訊
息。

（二）重新登錄／離開系統

1. 當進入登入畫面時，可先點選機台登入後，將跳至本畫面，利用右下方數字小鍵盤輸入使用者、密碼亦可登入管理系統。
2. 離開本系統可點選圖中左上部之「登出」，即可離開本系統。
3. 重新登錄：當更換不同使用者身份時，就必須重新登錄系統。

使用者 _____

密碼 _____

二、基本物件介紹

A B C D E F G H I J K L

物件說明：

A：First   首筆資料

B：Prior   前一筆資料

C：Next   後一筆資料

D：Last   末筆資料

E：Edit   針對目前此筆做資料的修改、編輯

F：Insert   新增一筆資料

G：Delete   刪除目前此筆資料

H：Post   當新增或編輯完成後，按下此鍵將資料儲入資料庫

I：Cancel   放棄新增、或編輯的資料

J：Refresh   將整個畫面作重新整理

K：   將所顯示的表格列印出來

L：   依據所給予條件來查詢資料

第四節 系統模組介紹

一、使用者管理

(一)使用者資料及群組資料維護

1. 使用者資料：可設定每一個使用者所能使用本系統的權限及群組類別。

2. 群組資料維護：若一群員工權限相同者，可直接於此功能中設定所能使用的權限項目；於前項設定完成後，若當中一位為領導者並具有較高的權限時，可另外用「使用者資料」功能設定。

3. 群組也可視為部門，例如會計部門就必須有發票維護的功能。

| 櫃檯作業 | 基本資料 | 交班作業 | 使用者管理 | 發票管理 | 會員資料 | 報表查詢 | 進貨管理 | 登出 |

使用者帳號 [　　　]　使用者名稱 [　　　]　🔍 查 詢 🖨 列 印

◀◀ ◀ ▶ ▶▶ 📄 🗅 ❌ ✓ ➖ 🔄

使用者資料維護

		使用者帳號	使用者名稱	密碼	群組名稱	權限維護
🖼 ▶	1	02	勻睿	...	櫃檯	...
🖼	2	03	文文	...	櫃檯	...
🖼	3	04	家靜	...	櫃檯	...
🖼	4	05	信淵	...	最大權限	...
🖼	5	CC	店長	...	最大權限	...

權限維護可分別定義各階人員操作使用系統之權限。

| 櫃檯作業 | 基本資料 | 交班作業 | 使用者管理 | 發票管理 | 會員資料 | 報表查詢 | 進貨管理 | 登出 |

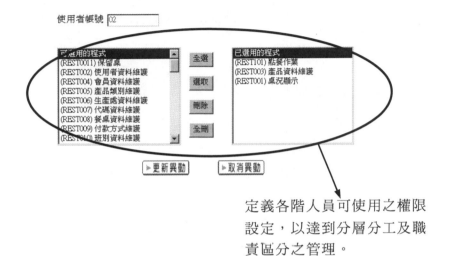

使用者帳號 02

可選用的程式		已選用的程式
(REST0011) 保留桌	全選	(REST101) 點餐作業
(REST002) 使用者資料維護		(REST003) 產品資料維護
(REST004) 會員資料維護	選取	(REST001) 桌況顯示
(REST005) 產品類別維護		
(REST006) 生產處資料維護	刪除	
(REST007) 代碼資料維護		
(REST008) 餐桌資料維護	全刪	
(REST009) 付款方式維護		
(REST010) 班別資料維護		

▶更新異動   ▶取消異動

定義各階人員可使用之權限
設定,以達到分層分工及職
責區分之管理。

(二)修改個人密碼

可修改該操作人員的密碼。

| 櫃檯作業 | 基本資料 | 交班作業 | 使用者管理 | 發票管理 | 會員資料 | 報表查詢 | 進貨管理 | 登出 |

使用者帳號:OC   使用者名稱:店長

| 修 改 密 碼 |
| 原有密碼: |
| 更新密碼: |
| 確認新密碼: |

▶更新異動

餐飲管理系統

(三)使用記錄查詢

可針對使用者，以帳號／日期／時間來搜尋使用記錄，並提供管理者，作為了解員工工作情形及評量服務人員的依據。

(四)程式資料維護

此功能為本系統的程式維護區，若非本公司作修改，請勿任意變動，以免發生錯誤。

二、基本資料維護

(一)產品類別維護

　　進入產品類別維護畫面後，按下 ⓑ 新增按鈕，即可輸入產品類別資料。

1. 可否停用：配合有季節性的食物而作選擇。
2. 重複折扣：根據該產品類別所做的折扣，是否願意與其它優惠折扣共同使用，若不願意享重複折扣即勾選「否」。
3. 產品類別名稱：依餐廳餐類、飲料、其他做類別名稱設定。

櫃檯作業 ｜ 基本資料 ｜ 交班作業 ｜ 使用者管理 ｜ 發票管理 ｜ 會員資料 ｜ 報表查詢 ｜ 進貨管理 ｜ 登出

類別編號 ☐　類別名稱 ☐　🔍查詢 　🖶列印
折扣率(%) ☐　是否停用 ☐

產品類別維護　▲首頁　▲上頁　2/2

		產品類別編號	產品類別名稱	折扣率(%)	是否停用	重複折扣
	16	Z1	原湯類	100	否	是
	17	Z2	雜貨類	100	否	是
	18	Z3	原麵類	100	否	是
	19	Z4	冷凍類	100	否	是
✓ ⊖	* 20				是	是

餐飲管理系統

147

(二)產品資料維護

1. 產品代碼：0001→產品編號，01A→速號。
2. 產品資料：選擇該產品名稱的類別（ex:高雄烏骨雞屬於「原湯類」）。

   (1)生產處：意指該產品將於何處產出。

   (2)稅金屬性：分為含稅／未稅。

   (3)售價：可於售價欄位中設定產品價格。

   (4)成本：可於售價欄位中設定產品成本價格。

   (5)供應時段：下拉式選單可選擇產品供應時段。

   (6)庫存量：可輸入產品的庫存量及在庫存欄位中勾選是否，以避免點餐時發生沒有餐點存量，仍被點餐之情形；或經點餐後扣除存量以達到精確控管。

   (7)副餐：可分辨該產品是否為副餐選項，與正餐欄位做左右區隔。

   (8)BOM：在此輸入該產品的組成原料及單位數進而計算出成本。

| 櫃檯作業 | 基本資料 | 交班作業 | 使用者管理 | 發票管理 | 會員資料 | 報表查詢 | 進貨管理 | 登出 |

產品編號 [   ]　產品名稱 [   ]　　　　　🔍查詢

產品類別 [▼]　生產處 [▼]　稅金屬性 [▼]　🖶列印

◀◀ ◀ ▶ ▶▶ ▣ ▢ ✕ ✓ ⊖ ↻　　全部產品查詢

產品編號 [0001]　產品名稱 [雞湯類]

產品類別 [原湯類▼]　生產處 [▼]　稅金屬性 [含稅▼]

備註 [   ]

產品資料維護

	速碼	簡稱	單位	售價	成本	供應時段	庫存量	點餐	庫存	副餐	BOM	套餐
▶ 1	01A	高雄烏骨雞	份	0	23.75	全天	219	否	是	否	...	...
2	01B	脫線烏骨雞	兩	0	0	全天	0	否	是	否	...	...
3	01C	原料湯	份	0	9.25	全天	399	否	是	否	...	...
4	01D	二仙膠	份	0	9.91	全天	723	否	是	否	...	...

餐飲管理
資訊系統

㈢生產處資料維護

1. 依餐廳需求，輸入不同類別產品的生產處，並設定印表機名稱，方便出單機列印各生產處出餐項目。

2. 字型大小：設定顯示字體大小（預設值為 12）。

| 櫃檯作業 | 基本資料 | 交班作業 | 使用者管理 | 發票管理 | 會員資料 | 報表查詢 | 進貨管理 | 登出 |

生產處編號 [　　　] 　生產處名稱 [　　　] 　　🔍 查詢 　 昌 列印

◀◀ ◀ ▶ ▶▶ 🔲 🗋 ⓧ ✓ ➖ ↻

生產處資料維護

		生產處編業	生產處名稱	字型大小	印表機名稱	是否停用
🔲	▶ 1	00	櫃檯	12	00	否
🔲	2	01	廚房	12	01	否

餐飲管理系統

㈣代碼資料維護

1. 代碼種類：分為時段、份量、口味、招待原因、退單原因、點餐備註等種類。

2. 代碼編號：可依不同類別建立不同的代碼編號及名稱，以方便操作使用時選取下拉式選單選項。

   舉例：代碼種類→招待原因

   　　代碼編號：01→老闆招待，02→出菜太慢，03→餐點有瑕疵

   當設定好「招待原因」選項代碼時，在「桌況顯示」下的下拉式選單即會增加上述 3 項選項。

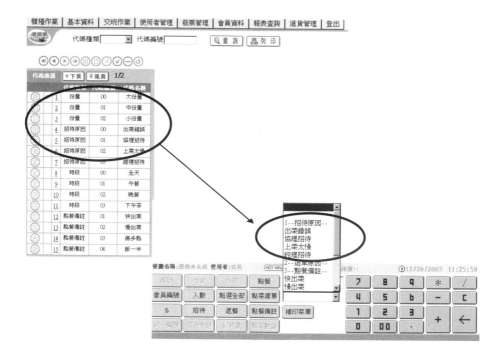

(五) 餐桌資料維護

1. 餐桌編號：可輸入餐桌編號，會在桌況顯示時出現各餐桌編號。

2. 餐桌名稱：可輸入餐桌名稱，會在桌況顯示時出現各餐桌名稱。

3. 餐桌位置：桌況顯示下餐桌位置共分為：橫軸 01/02/03/04 四個位置代碼；縱軸 01/02/03/04/05/06/07 以此類推，橫縱軸代碼可標示出該桌號的位置圖。

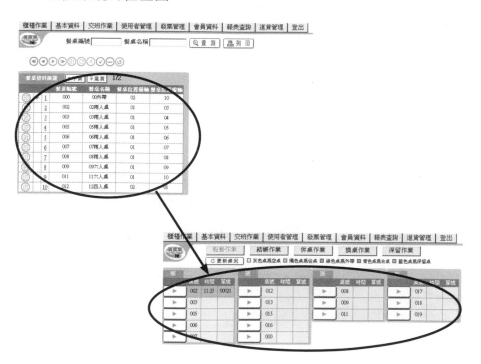

餐飲管理系統

(六)付款資料維護

1. 餐廳可自行設定付款方式／會計科目內容。
2. 設定完成後，在結帳作業畫面及下方按鍵紐（六個）會出現增設的欄位。
3. 現金付款：需找零。
4. 本系統有提供儲值卡付款方式，在結帳時可自動連結儲值扣款。

付款方式維護

	付款編號	付款方式	會計科目	是否找零	累積積點
1	00	找零	0000000	否	否
2	01	現金	50000001	是	是
3	02	支票	50000003	否	是
4	03	信用卡	50000002	否	是
5	04	禮卷	50000004	否	否
6	05	簽帳	30000001	否	否

(01)現金 | (02)支票 | (03)信用卡 | (04)禮卷 | (05)簽帳 | 找　零 | 印帳單 | 開錢櫃 | 結　帳 | 回桌況

桌號 000　會員編號 □　消費金額 0　應付金額 0
單號 2031.23900021　會員名稱 □　招待金額 0　已付金額 0
人數 1　開桌時間 11:25:43　☑折扣金額 0　應找零 0
積點 □　累積金額 □　☐服務費+ 0　尚欠餘額 0

實收金額 □　統一編號 □　信用卡號 □　▶回點餐畫面　▶顯示消費統計

㈦班別資料維護

1. 下一班班別：需設定下一班班別編號。

2. 換日：交班時可選擇是否換日

| 櫃檯作業 | 基本資料 | 交班作業 | 使用者管理 | 發票管理 | 會員資料 | 報表查詢 | 進貨管理 | 登出 |

班別編號 [　　　]　班別名稱 [　　　]　　　🔍 查詢　🖨 列印

◀◀ ◀ ▶ ▶▶ 🗐 🗋 ✖ ✔ ➖ ↻

班別資料維護

		班別編號	班別名稱	下一班編號	是否換日
🗐	▶ 1	01	早班	02	是
🗐	2	02	中班	03	否
🗐	3	03	晚班	01	否

餐飲管理系統

(八) 系統參數維護

1. 針對各個系統參數名稱，餐廳可自行修改系統參數數值名稱。舉例：餐廳名稱——輸入餐廳名稱後，在桌況顯示畫面中餐廳名稱即可更新為傳動智慧餐廳。

2. 針對各個系統參數名稱，餐廳可自行修改系統參數數值代碼。舉例：服務費是否自動帶入，「Y」表示結帳時自動帶入一成服務費；「N」則無。

| 櫃檯作業 | 基本資料 | 交班作業 | 使用者管理 | 發票管理 | 會員資料 | 報表查詢 | 進貨管理 | 登出 |

系統參數編號 [   ]　使用機台號碼 [   ]　🔍查詢　🖨列印
系統參數名稱 [   ]　版本編號 [   ]

◀◀ ◀ ▶ ▶▶ 📷 📄 ❌ ✔ ➖ 🔄

| 系統參數維護 | ▼下頁 | ▼尾頁 | 1/3 |

		系統參數編號	系統參數名稱	系統參數數值	機台號	版本
	▶	1	001	餐廳名稱	慶捷美食館	00	6.00
		2	002	餐廳日期	12/29/2003	00	6.00
		3	003	現在班別	02	00	6.00
		4	004	發票第一行	慶捷小吃店	00	6.00
		5	005	發票第二行	高雄市博愛二路366號	00	6.00
		6	006	發票第三行	07-5563718	00	6.00
		7	007	一般消費折扣率	100	00	6.00
		8	008	稅率	0.05	00	6.00
		9	009	現在時段	00	00	6.00
		10	010	點餐畫面-產品代碼	N	00	6.00
		11	011	點餐畫面-產品簡稱	Y	00	6.00
		12	012	點餐畫面-份量	N	00	6.00
		13	013	點餐畫面-備註	Y	00	6.00
		14	014	點菜單-產品名稱	N	00	6.00
		15	015	點菜單-產品代碼	Y	00	6.00

餐廳名稱:慶捷美食館　使用者:店長　(HOT NEWS)　　　新功能上線!!設定請至系統 ▶12/29/2003 12:06:24

桌號	合桌	外帶	點餐	[ ]	7	8	9	✳	/
會員編號	人數	點選全部	點菜清單		4	5	6	−	C
多	招待	退餐	點餐備註		1	2	3	+	←
統一編號	信用卡號	服務費	點菜數量		0	00	.		

(九)語法參數維護

　　此功能為本系統的程式維護區，若非本公司作修改，請勿任意變動，以免發生系統錯誤。

| 櫃檯作業 | 基本資料 | 交班作業 | 使用者管理 | 發票管理 | 會員資料 | 報表查詢 | 進貨管理 | 登出 |

語法名稱 [　　　　　]　　　　　　[🔍 查 詢]　[🖶 列 印]
語法型態 [　　　　　▼]

⊙◀◁▷▶🔳🗋✖✔⊖↺

語法參數維護			[▼下頁] [▼尾頁] 1/4		
建立	移除	語法名稱	語法型態	版本編號	語法內容
					update rest002 set fallowyn=#否#
🖳▶1 [···] [···]		000	PROCEDURE	6.00	
🖳 2 [···] [···]		ADDTABLEV	VIEW	6.00	CREATE VIEW ADDTABLEV (TABLECOUNT, TABLEX, TABMAX) AS SELECT COUNT(*),TABLEX,MAX(TABLEY) FROM REST008 GROUP BY TABLEX
					CREATE PROCEDURE CHANGDATE (RESTDATE VARCHAR (10), DATETYPE VARCHAR(1)) RETURNS (RESTDATE2 VARCHAR(10)) AS BEGIN IF ((DATETYPE=1) AND (STRLEN

(十)特價資料維護

　　可針對餐廳促銷期間推出優惠餐點建檔，系統會將資料自動帶入點餐畫面及結帳作業，方便餐廳操作使用。

| 櫃檯作業 | 基本資料 | 交班作業 | 使用者管理 | 發票管理 | 會員資料 | 報表查詢 | 進貨管理 | 登出 |

產品代碼 [　　　　] 產品名稱 [　　　　] 類別 [　　▼]　[🔍 查 詢]
起始日期 [6/17/2003 ···] ~ [6/17/2003 ···]　　　　[🖶 列 印]

⊙◀◁▷▶🔳🗋✖✔⊖↺

特價資料維護						
	產品代碼	產品名稱	類別名稱	價格	開始日期	結束日期
🖳 ▶1						

(土)資料清除作業

　　餐廳將資料備份之後，可選擇將交易資料／產品資料／代碼資料／
會員資料做清除作業動作。（但每項資料在清除後仍會留下第一筆資料）

| 櫃檯作業 | 基本資料 | 交班作業 | 使用者管理 | 發票管理 | 會員資料 | 報表查詢 | 進貨管理 | 登出 |

```
                    資 料 清 除 作 業
                  請選擇資料清除項目
      □ 交易資料(含進貨資料)  [        ][...] ~ [        ][...]

      □ 產品資料    □ 代碼資料

      □ 會員資料


           資料清除          取消
```

三、交班作業

(一)時段變更

　　時段變更：價格及菜單呈現也會隨之變動。

| 櫃檯作業 | 基本資料 | 交班作業 | 使用者管理 | 發票管理 | 會員資料 | 報表查詢 | 進貨管理 | 登出 |

```
                     時 段 變 更
            餐廳日期：12/29/2003

            目前時段：全天

            變更時段  [        ▼]


              時段變更          取消
```

餐飲管理
資訊系統

156

㈡交班作業

　　更換班別：晚班換隔日早班時，畫面會出現提示訊息，以提供人員操作時方便辨別。

㈢交班報表

1. 餐廳在營業時間內劃分出數個班別，每班別在交換時，本系統也必須作交班的動作，且依各餐廳需求列印當日交班報表（也可列印他日）。
2. 在需要換日的班次，當作完交班作業即是下一日的第一班次。
3. 報表上顯示出當班付款方式及金額。

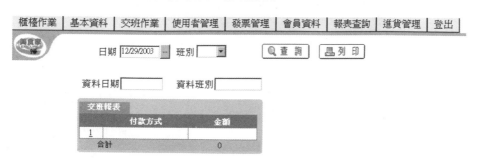

餐飲管理系統

㈣發票資料維護

1. 開放權限由櫃檯人員／會計人員，將發票起始號碼做設定及更新。
2. 發票第一、二、三行顯示名稱在系統參數維護下做資料設定。

| 櫃檯作業 | 基本資料 | 交班作業 | 使用者管理 | 發票管理 | 會員資料 | 報表查詢 | 進貨管理 | 登出 |

發票資料維護

機台編號： 01

發票第一行：慶捷小吃店

發票第二行：高雄市博愛二路366號

發票第三行：07-5563718

發票起始號：QX65007190　　發票結束號：QX65007189

上張發票號：QX65007320

▶更新異動　　▶取消異動

(五)結帳單據資料修改

開放權限由櫃檯人員／會計人員，按下單據修改按鈕後，可逐步去修改錯誤資料，再補印正確單據提供給消費者。

| 櫃檯作業 | 基本資料 | 交班作業 | 使用者管理 | 發票管理 | 會員資料 | 報表查詢 | 進貨管理 | 登出 |

使用者 [　　　　]　　　會員名稱 [　　　　]　　🔍 查詢
使用日期 [12/29/2003]... ~ [12/29/2003]... 會員編號 [　　　]　　🖨 列印

結帳單據修改　　▼下頁 ▼尾頁　1/2

	交易編號	日期	班別	會員卡編號	會員名稱	消費金額	折扣金額	招待金額	服務費	總計	單據修改
1	203122900001	12/29/2003				255	0	0	0	255	...
2	203122900002	12/29/2003				174	0	0	0	174	...
3	203122900003	12/29/2003		031000096		323	10	0	0	313	...
4	203122900004	12/29/2003				530	0	0	0	530	...
5	203122900005	12/29/2003		031000102		445	49	0	0	396	...
6	203122900006	12/29/2003				174	0	0	0	174	...
7	203122900007	12/29/2003				119	0	0	0	119	...
8	203122900008	12/29/2003		031000043		2244	32	0	0	2212	...
9	203122900009	12/29/2003				204	0	0	0	204	...
10	203122900010	12/29/2003				89	0	0	0	89	...

四、會員資料

(一)會員卡別維護

餐廳可自行定義會員類別及折扣數，當點餐時輸入會員編號／姓名時，結帳作業即可自動帶入會員可享折扣優惠。

| 櫃檯作業 | 基本資料 | 交班作業 | 使用者管理 | 發票管理 | 會員資料 | 報表查詢 | 進貨管理 | 登出 |

會員類別編號 [　　　　]　　　　　🔍 查詢　🖨 列印
會員類別名稱 [　　　　]　 會員折扣數 [　　　]

⏮ ◀ ▶ ⏭ 📋 📄 ✖ ✓ ➖ 🔄

會員卡別維護

		會員類別編號	會員類別名稱	會員折扣數
📋	▶ 1	01	金卡	69
📋	2	02	銀卡	79
📋	3	03	普卡	89
📋	4	04	VIP	70

餐飲管理系統

㈡會員資料維護

1. 建立客戶或會員的基本資料。

2. 會員編號：便於查詢消費狀況。

3. 性別、卡別：下拉式選單。

4. 卡別：會員卡別資料維護（消費者使用餐廳所發行的會員卡）。

5. 生日：可直接點選日期小鍵盤建檔。

| 櫃檯作業 | 基本資料 | 交班作業 | 使用者管理 | 發票管理 | 會員資料 | 報表查詢 | 進貨管理 | 登出 |

會員編號 [   ]　會員名稱 [   ]　🔍查詢　🖨列印
身分證字號 [   ]　生日月份 [   ]

◀◀ ◀ ▶ ▶▶ 🔲 🗋 ✖ ✔ ➖ 🔄

會員資料維護

		會員編號	會員名稱	身分證字號	統一編號	電話	行動電話	住址	性別	生日	公司名稱	會員職業	折扣率	會員卡別	郵件帳號	公司電話	公司傳真
🖉	▶ 1	031000001	趙沐蓮			270*****			女	14/11/2003			89	普卡			
🖉	2	031000002	陳玉秀	J2207*****		2719****		台北縣內湖區內湖路**********	女	15/08/1959		貿易	89	普卡			
🖉	3	031000003	李權	Q2212*****		2794****		台北縣內湖區內湖路**********	女	08/02/1957		製造供應	89	普卡			
🖉	4	031000004	陳忠國	P1200*****		2764****		台北市南京東路五段**********	男	10/01/1958		餐飲	89	普卡			
🖉	5	031000005	藍正哲	B1210*****		2523****#326		台北市中山區**********	男	28/12/1968		電腦資訊	89	普卡			
🖉	6	031000006	李立群	C2200*****		2705****		台北市復興南路**********	女	02/02/1975		行銷	89	普卡	tc***@***.com.tw		
🖉	7	031000007	郭鈴	A2237*****		2943****#4888		台北縣三重市**********	女	15/07/1971		出	89	普	ja****@t****.com.tw		

(三)會員消費查詢

　　可依會員名稱／付款方式／消費日期做分別的查詢，以了解會員消費付款方式。或是針對簽帳紀錄作列印，事後再向客戶（特約商）統一請款。

| 櫃檯作業 | 基本資料 | 交班作業 | 使用者管理 | 發票管理 | 會員資料 | 報表查詢 | 進貨管理 | 登出 |

會員名稱 [　　　] 付款方式 [　▼]　　　🔍 查 詢
會員編號 [　　　] 消費日期 [12/29/200 ...] ～ [12/29/200 ...]　🖨 列 印

| 會員消費查詢 | ▼下頁 | ▼尾頁 | 1/68 |

	交易編號	日期	班別	會員卡編號	會員名稱	付款方式	付款金額	發票編號	收款人	備註
1	2031125000001	11/25/2003	中班			禮卷	1088	-1125201521	CC	
2	2031125000001	11/25/2003	中班			現金	2400	-1125201516	CC	
3	2031125000002	11/25/2003	中班			現金	714	-1126115027	CC	
4	2031125000003	11/25/2003	中班			現金	89	-1125201417	CC	
5	2031125000004	11/25/2003	中班			現金	178	-1125201444	CC	
6	2031125000005	11/25/2003	中班			現金	288	-1125202714	CC	
7	2031125000006	11/25/2003	中班			現金	1571	-1125202650	CC	
8	2031125000007	11/25/2003	中班	031000044	TEST	禮卷	79	-1125203202	CC	
9	2031126000001	11/26/2003	中班			現金	174	-1126125509	CC	
10	2031126000002	11/26/2003	中班			支票	79	-1126125352	CC	

餐飲管理系統

㈣會員消費分析

1. 可依會員編號／產品類別／消費日期做查詢，以了解每位會員消費情形。
2. 可以針對客戶對餐廳哪些菜的食用情況作分析。
3. 依照金額／數量可做排序判別，方便管理人員查閱報表。

| 櫃檯作業 | 基本資料 | 交班作業 | 使用者管理 | 發票管理 | 會員資料 | 報表查詢 | 進貨管理 | 登出 |

會員編號 [　　　　] ○ 金額 ● 數量 [🔍 查 詢]
產品類別 [　　▼] 消費日期 [12/29/200...] ~ [12/29/200...] [🖨 列 印]

| 會員消費分析 | ▼下頁 | ▼尾頁 | 1/3 |

	會員編案	產品編案	產品名稱	產品類別	產品簡碼	產品簡稱	消費數量	消費金額
1		0101	主廚特餐	特餐類	0101A	(西生菜蟹肉包飯)	12	1068
2	031000102	0101	主廚特餐	特餐類	0101A	(西生菜蟹肉包飯)	5	445
3		0204	主套餐	套餐類	0203	(不老套餐)	5	995
4		0101	主廚特餐	特餐類	0101B	(芙蓉蟹肉蓋飯)	5	595
5		0105	商業午餐	特餐類	0105C	烏骨雞麵線	4	340
6		0101	主廚特餐	特餐類	0101J	(三小品特製蒸飯)	3	267
7	031000043	0703	石蟹麻油麵線	麵品類	0703B	豬肝麻油麵線	2	298
8		0101	主廚特餐	特餐類	0101C	(蘋果加哩雞蓋飯)	2	238
9		0203	商業套餐	套餐類	0201	(巴西蘑菇雞套餐)	2	298
10	031000043	0204	主套餐	套餐類	0203B	皇宮菜	1	50
11	031000043	0204	主套餐	套餐類	0203D	神奇菇	1	50
12	031000043	0204	主套餐	套餐類	0203H	鵝肝腸	1	60
13	031000096	0105	商業午餐	特餐類	0105F	海鮮麵	1	85
14	031000043	0101	主廚特餐	特餐類	0101J	(三小品特製蒸飯)	1	89
15	031000096	0101	主廚特餐	特餐類	0101A	(西生菜蟹肉包飯)	1	89

※依照金額大小排序

	會員編號	產品編號	產品名稱	產品類別	產品簡碼	產品簡稱	消費數量	消費金額
1		0204	主套餐	套餐類	0203	(不老套餐)	178	35422
2		0204	主套餐	套餐類	0204	(二仙套餐)	111	33189
3		0205	主套餐	套餐類	0205	(精緻全餐)	17	11883
4		0101	主廚特餐	特餐類	0101I	(三小品五穀蒸飯)	121	10769
5		0101	主廚特餐	特餐類	0101B	(美蓉蟹肉蓋飯)	95	9955
6		0101	主廚特餐	特餐類	0101J	(三小品特製蒸飯)	110	9790
7		0203	商業套餐	套餐類	0201	(巴西蘑菇雞套餐)	63	9387
8		0101	主廚特餐	特餐類	0101D	(鮮蝦麻婆丼蓋飯)	92	9208
9		0703	石蟹廊油麵線	麵品類	0703C	烏骨雞麻油麵線	47	7003
10		0101	主廚特餐	特餐類	0101C	(蘋果加哩雞蓋飯)	68	6982
11		0205	主套餐	套餐類	0205A	沙鍋魚翅	24	6894
12		0101	主廚特餐	特餐類	0101E	(西生菜蟹肉包飯)	68	6652
13		0101	主廚特餐	特餐類	0101E	(紅轉烏骨雞蓋飯)	60	6270
14	031000036	0501	不老二仙雞盅	湯品類	0501A	不老二仙雞(十人份)	3	3900

※依照數量大小排序

	會員編號	產品編號	產品名稱	產品類別	產品簡碼	產品簡稱	消費數量	消費金額
1		0101	主廚特餐	特餐類	0101A	(西生菜蟹肉包飯)	12	1068
2	031000102	0101	主廚特餐	特餐類	0101A	(西生菜蟹肉包飯)	5	445
3		0204	主套餐	套餐類	0203	(不老套餐)	5	995
4		0101	主廚特餐	特餐類	0101B	(美蓉蟹肉蓋飯)	5	595
5		0105	商業午餐	特餐類	0105C	烏骨雞麵線	4	340
6		0101	主廚特餐	特餐類	0101J	(三小品特製蒸飯)	3	267
7	031000043	0703	石蟹廊油麵線	麵品類	0703B	豬肝廊油麵線	2	298
8		0101	主廚特餐	特餐類	0101C	(蘋果加哩雞蓋飯)	2	238
9		0203	商業套餐	套餐類	0201	(巴西蘑菇雞套餐)	2	298
10	031000043	0204	主套餐	套餐類	0203B	皇宮菜	1	50
11	031000043	0204	主套餐	套餐類	0203D	神奇菇	1	50
12	031000043	0204	主套餐	套餐類	0203H	鵝肝腸	1	60
13	031000096	0105	商業午餐	特餐類	0105F	海鮮麵	1	85
14	031000043	0101	主廚特餐	特餐類	0101J	(三小品特製蒸飯)	1	89
15	031000096	0101	主廚特餐	特餐類	0101A	(西生菜蟹肉包飯)	1	89

餐飲管理系統

五、發票管理

(一)發票資料查詢

此查詢功能列表可用於報稅用。

發票明細：可分別就每張發票列出明細，供會計人員對帳之用。

| 櫃檯作業 | 基本資料 | 交班作業 | 使用者管理 | 發票管理 | 會員資料 | 報表查詢 | 進貨管理 | 登出 |

發票編號 [   ]　　客戶名稱 [   ]　　🔍 查詢
開立日期 [12/16/200...] ~ [12/16/200...]　統一編號 [   ]　　🖨 列印
開立時間 [   ] ~ [   ]　會員編號 [   ]

發票資料查詢　▼下頁　▼尾頁　1/553

	發票編號	開立日期	開立時間	客戶名稱	統一編號	實付金額	稅金	未稅金額	會員卡編號	是否作廢
▶ 1	XA33985058	12/01/2003	09:47:47			70	3	67		N
2	XA33985059	12/01/2003	10:10:35			240	11	229		N
3	XA33985060	12/01/2003	10:21:41			440	21	419		N
4	XA33985061	12/01/2003	10:27:23			95	5	90		N
5	XA33985062	12/01/2003	10:28:32			224	11	213		N
6	XA33985063	12/01/2003	10:37:49			182	9	173		N

發票明細

明細項目	數量	單價	稅金
消費金額	1	67	3

六、進貨管理

㈠進貨管理

　　此功能可以協助餐廳清楚列出進貨明細及金額，並列印進貨單以供查詢之用。

| 櫃檯作業 | 基本資料 | 交班作業 | 使用者管理 | 發票管理 | 會員資料 | 報表查詢 | 進貨管理 | 登出 |

進貨單號 [＿＿＿] ～ [＿＿＿]　　進貨日期 [＿＿＿][...] ～ [＿＿＿][...]　　🔍 查詢
進貨發票 [＿＿＿] ～ [＿＿＿]　　廠商編號 [＿＿＿]　　　　　　　　　　　　🖨 列印

◀ ◀ ▶ ▶ 🖼 🗋 ⊗ ✓ ⊖ ↻　　　　　進貨單完成　　取消進貨單　　　　進貨表

進貨單號 2003000001　　採購人 CC　　廠商編號 P03 [...]　　進貨單狀態 Y
進貨日期 12/16/2003　　進貨發票 [＿＿]　　廠商名稱 柯元正

🖼
🗋　進貨資料維護
⊗
✓　| | | 產品速碼 | 產品名稱 | 單位 | 數量 | 金額 | 金額合計 |
⊖　| ▶ | 1 [...] | 01A | 高雄烏骨雞 | 份 | 504 | 23.75 | 11970 |
↻

餐飲管理系統

(二) BOM 查詢

　　此功能可以了解餐廳內每道菜的原料及所使用的單位數，以便於推算每道菜的份量成本。

| 櫃檯作業 | 基本資料 | 交班作業 | 使用者管理 | 發票管理 | 會員資料 | 報表查詢 | 進貨管理 | 登出 |

產品組成資料維護　▼下頁　▼尾頁　1/5

	產品速碼	產品簡稱	原料編號	原料名稱	原料數量	原料成本	小計
1	0101B	(芙蓉蟹肉蓋飯)	04A	蝦捲原料	2	3.75	8
2	0101C	(蘋果加哩雞蓋飯)	04A	蝦捲原料	2	3.75	8
3	0101D	(鮮蝦麻婆丼蓋飯)	04A	蝦捲原料	2	3.75	8
4	0101D	(鮮蝦麻婆丼蓋飯)	05A	白草蝦	1	3	3
5	0101I	(三小品五穀蒸飯)	05B	白肉魚	1	5	5
6	0101J	(三小品特製蒸飯)	05B	白肉魚	1	5	5
7	0105A	蘋果加哩雞麵線	03A	統一麵線	1	4	4
8	0105B	蘋果加哩雞麵	03B	日光麵	1	4.85	5
9	0105C	烏骨雞麵線	03A	統一麵線	1	4	4
10	0105D	烏骨雞麵	03B	日光麵	1	4.85	5

(三)供應商維護

建立供應商的基本資料,以方便在進貨時與供應商聯繫。

| 櫃檯作業 | 基本資料 | 交班作業 | 使用者管理 | 發票管理 | 會員資料 | 報表查詢 | 進貨管理 | 登出 |

供貨商編號 [　　　]　　電話 [　　　　　　]　　🔍 查詢

供貨商名稱 [　　　]　　住址 [　　　　　　]　　🖨 列印

◀◀ ◀ ▶ ▶▶ 🗊 🗋 ✖ ✓ ➖ 🔄

| | 供應商資料維護 | ▼下頁 | ▼尾頁 | 1/2 |

		供貨商編號	供貨商名稱	電話	住址
🗊	▶	1	P01	廖水成青菜商	29126941	
🗊		2	P02	典佑商行	2978-2526	
🗊		3	P03	柯元正	0930192737	
🗊		4	P04	元家企業有限公司	0911280229	
🗊		5	P05	有聯漁貨	29995525	
🗊		6	P06	梅統商行	29671486	
🗊		7	P07	脫線雞場	0955786153	
🗊		8	P08	全順食品有限公司	0955718271	
🗊		9	P09	百鈜製麵行	053651361	
🗊		10	P10	統一林金茂	022299-3729	

(四)庫存查詢

可針對產品/原料部分做庫存的查詢,以方便廚房人員針對缺貨的食材/飲料/酒類產品補貨。

| 櫃檯作業 | 基本資料 | 交班作業 | 使用者管理 | 發票管理 | 會員資料 | 報表查詢 | 進貨管理 | 登出 |

產品代碼 [　　　]　　產品簡碼 [　　　]　　點餐屬性 [否 ▼]　　🔍 查詢

產品名稱 [　　　]　　產品簡稱 [　　　]　　🖨 列印

| | 庫存查詢 | | | | | | |

			速碼	簡稱	份量	庫存量	點餐屬性
🗊	▶	1	01A	高雄烏骨雞	份	219	否
🗊		2	01B	脫線烏骨雞	兩	0	否
🗊		3	01C	原料湯	份	399	否
🗊		4	01D	二仙膠	份	723	否
🗊		5	02A	米酒	份	2175	否
🗊		6	03A	統一麵線	份	101	否
🗊		7	03B	日光麵	份	109	否
🗊		8	04A	蝦捲原料	半條	611	否
🗊		9	05A	白草蝦	隻	32	否
🗊		10	05B	白肉魚	隻	7	否

餐飲管理系統

(五)進貨日報表

依照原料編號／進貨廠商／進貨日期分別做查詢，以了解餐廳進貨情況，並可列印報表備查。

| 櫃檯作業 | 基本資料 | 交班作業 | 使用者管理 | 發票管理 | 會員資料 | 報表查詢 | 進貨管理 | 登出 |

原料編號 [   ]　　進貨廠商 [   ]　　🔍 查 詢

進貨日期 [12/29/2003] ... ～ [12/29/2003] ...　　🖶 列 印

進貨日報查詢							
進貨單號	進貨日期	進貨編號	進貨名稱	進貨數量	進貨金額	進貨人	進貨發票號
1							

七、櫃檯作業

(一)桌況畫面說明

1. 快速功能區：將在前檯常使用的功能放置在此區，包含點餐、結帳、併桌、換桌、保留、外帶及結帳作業。

2. 桌況區：畫面出現四欄桌況顯示，每一欄可放置8張桌況。外帶或外送服務的桌況顯示均統一出現於最右邊欄位。

3. 桌況顯示畫面：在此畫面可看出每一張餐桌的顏色不同代表著不同狀況，並且桌況內容會出現各桌用餐時間及單據號碼。

4. 更新桌況：無論做任何一項櫃檯作業，在操作過後均需按一次更新桌況按鈕，如此一來其他連線電腦、PDA即可同步更新餐廳最新的用餐桌況。

| 櫃檯作業 | 基本資料 | 交班作業 | 使用者管理 | 發票管理 | 會員資料 | 報表查詢 | 進貨管理 | 登出 |

點餐作業　結帳作業　併桌作業　換桌作業　保留作業

🔄 更新桌況　□ 灰色桌為空桌　□ 橘色桌為佔桌　■ 綠色桌為外帶　■ 紫色桌為合桌　■ 藍色桌為保留桌

桌號	時間	單號		桌號	時間	單號		桌號	時間	單號		桌號	時間	單號
002	11:25	00021		012	12:23	00011		008				017		
003				013				009				018		
005				015				011				019		
006				016										
007				000										

5. 跑馬燈：系統參數維護功能下可輸入最新的餐廳資訊，即可出現在桌況顯示，可做為餐廳公告最新訊息／員工交流之用。

6. 小鍵盤：可直接點選按鈕／數字輸入資料，提供更方便快速的輸入方式。

(二)點餐作業

1. 首先按下點餐作業按鈕，選擇消費顧客之桌號，再按下桌號按鈕，即可進入點餐畫面。

餐飲管理系統

2. 點餐畫面之上顯示出餐廳餐點之分類，可依顧客選擇餐點做切換選擇。左邊列出主要餐點之項目及金額，右邊列出搭配副餐之項目及金額。

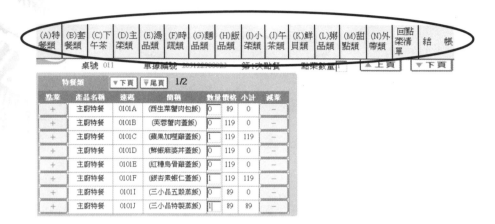

3. 點餐完畢後，按下上列「回到點菜清單」按鈕即回到點菜清單畫面。

4. 確定餐點無誤後，按下「點菜列印」按鈕，餐廳生產處（廚房／吧檯）就會立即出單。

菜單選擇	結帳作業	點菜列印	回桌況									

| | 桌號 011 | 單號 20031229000023 | | 會員編號 | | | 第2次點餐作業 | | | | | |
| | 開桌時間 12/29/2003 14:26:47 | | | 會員名稱 | | | 人數 1 | | | 積點 | | |

點餐 - 全部點餐資料

	產品名稱	速碼	簡稱	單價	數量	%	小計	招待	退餐	選取	備註	次數
1	主廚特餐	0101C	(蘋果加哩雞蓋飯)	119	1	100	119	否	否	□		1
2	主廚特餐	0101D	(鮮蝦麻婆丼蓋飯)	119	1	100	119	否	否	□		1
3	主廚特餐	0101F	(銀杏素蝦仁蓋飯)	119	1	100	119	否	否	□		1
4	主廚特餐	0101J	(三小品特製蒸飯)	89	1	100	89	否	否	□		1

5. 點餐作業流程完成後，回到桌況畫面時，已點餐之桌號欄位就會變成橘色，可以與其他桌況做區隔。

(三)併桌／換桌作業

當消費者要求換桌或併桌時

1. 換桌：系統自動跳出視窗要求輸入「併桌來源桌號」及併桌目的桌號。

餐飲管理系統

2. 併桌：系統自動跳出視窗要求輸入「併桌來源桌號」及併桌目的
桌號。

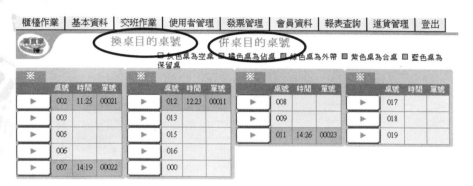

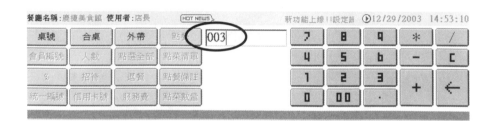

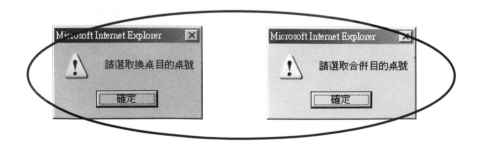

3. 當併桌時，桌況的資料及菜單價格也一併併入另一張併桌的桌號。

㈣保留桌作業

保留桌的狀態可分為兩種：

1. 預約桌。

餐飲管理系統

2. 已入桌但人數未到齊：對於預約的顧客，餐廳可用保留桌的狀態
點選預留之桌號，等到要進行開桌時，再點選已保留桌號，畫面
即會跳出解除保留狀態之視窗。爾後服務生可依正常點餐程序為
顧客點餐。

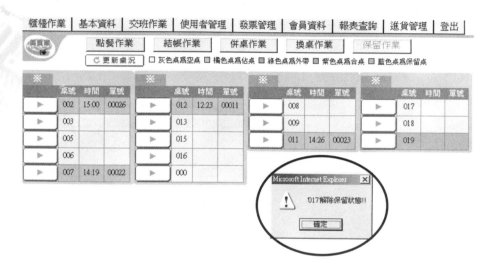

(五)招待、退餐

　　當點餐發生錯誤時，可至點菜清單去選取招待／退餐的原因。

1. 先至點菜清單中去勾選需退餐／招待之餐點。
2. 再到下方快速功能小鍵盤區的下拉式選單選取退單／招待原因。

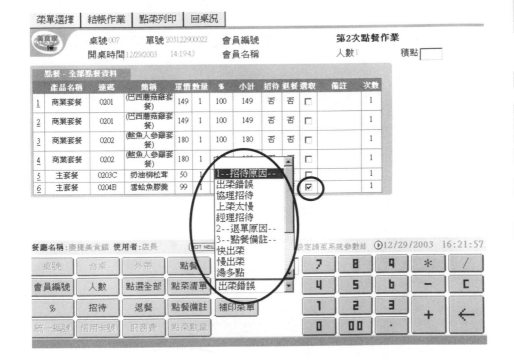

3. 再點選招待／退餐之功能鍵，系統便會自動更新點菜清單，並於備註欄位上顯示原因。

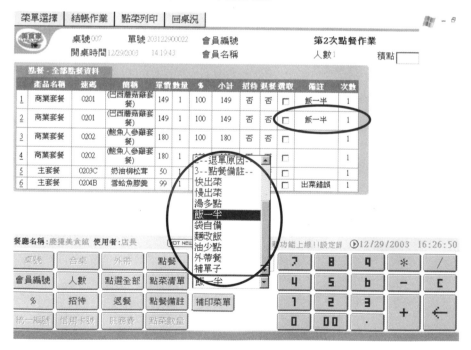

除此之外，針對餐點之口味，亦可透過下方的點餐備註，選擇口味選項後，系統亦自動將其需求加註於備註欄位，因此在生產處出單時，生產處可依顧客要求之口味做調整。

(七)結帳作業

1. 付款：結帳作業中有不同的付款方式。
2. 在付款方式維護上設定現金付款有找零的功能，按下找零（圈選區域）即可自動算出應找的零錢。
3. 在結清動作完成後，需按下結帳即可完成動作。

可選擇是否
自動帶入服
務費。

選擇是否顯示消費統
計，可與顧客做付款
前再確認之動作。

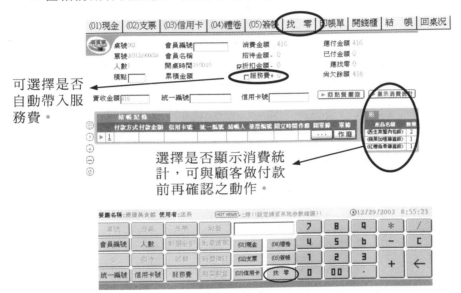

餐飲管理系統

4. 分帳：當同一桌號的客戶需要分別付款時，並且分別開立發票，即可利用分帳作業來處理。依照每人應付金額逐筆建入付款金額及方式。

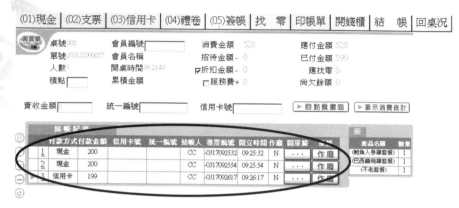

5. 若需列印發票，按下結帳記錄的「開單據」按鈕，進入列印發票的畫面。

下載列印發票元件

6. 若已開出單據需作廢時，按下作廢鈕，畫面即會跳出視窗告知作廢發票之訊息。

八、報表查詢

1. 依照交易編號／交易日期／選擇班別分別做查詢，以了解餐廳當天／當班的（他日亦可）經營情況。

2. 銷售日報表上分別記錄客戶名稱、消費情況、付款方式、收款人，若發現應收金額與實收金額不符時，報表可作為查詢之依據。

3. 可列出以日或月為基準的餐廳營業報表。

　(1)日報表：以每張單據、聯單編號為單位。

　(2)月報表：以當日班別為單位。

(一)銷售日報表

	交易編號	日期	班別	客戶名稱	消費金額	折扣金額	招待金額	服務費	總計	現金	支票	信用卡	禮卷	簽帳	收款人	起始消費時間
1	2031229000001	12/29/2003	中班		255	0	0	0	255	255					OC	12:05:33
2	2031229000002	12/29/2003	中班		174	0	0	0	174	174					OC	12:06:07
3	2031229000003	12/29/2003	中班	陳淑宜	323	10	0	0	313	313					OC	12:07:29
4	2031229000004	12/29/2003	中班		530	0	0	0	530	530					OC	12:08:30
5	2031229000005	12/29/2003	中班	朱彥錦	445	49	0	0	396	396					OC	12:08:51
6	2031229000006	12/29/2003	中班		174	0	0	0	174	174					OC	12:13:38
7	2031229000007	12/29/2003	中班		119	0	0	0	119	119					OC	12:16:37
8	2031229000008	12/29/2003	中班	林秉敏	2244	32	0	0	2212			2212			OC	12:17:11
9	2031229000009	12/29/2003	中班		204	0	0	0	204	204					OC	12:21:56
10	2031229000010	12/29/2003	中班		89	0	0	0	89	89					OC	12:22:49
11	2031229000012	12/29/2003	中班		446	0	0	0	446	446					OC	12:26:22
12	2031229000013	12/29/2003	中班		279	0	0	0	279	279					OC	12:28:08
13	2031229000014	12/29/2003	中班		498	0	0	0	498	498					OC	12:38:01
14	2031229000015	12/29/2003	中班		267	0	0	0	267	267					OC	12:49:29
15	2031229000016	12/29/2003	中班		1014	0	0	0	1014	1014					OC	12:57:39
16	2031229000018	12/29/2003	中班		416	0	0	0	416	416					OC	17:25:02
17	2031229000020	12/29/2003	中班		119	0	0	0	119	119					OC	13:48:01
18	2031229000026	12/29/2003	晚班		416	0	0	0	416	416					OC	15:00:10

餐飲管理
資訊系統

(二)銷售月報表

| 櫃檯作業 | 基本資料 | 交班作業 | 使用者管理 | 發票管理 | 會員資料 | 報表查詢 | 進貨管理 | 登出 |

日期 12/1/2003 ... ~ 12/31/2003 ... 班別 [▼]   🔍 查詢   🖨 列印

結帳方式

合計: 7921 元

銷售月報表   ▼下頁 ▼尾頁 1/2

	交易日期	班別	消費金額	折扣金額	招待金額	服務費	總計	現金	支票	信用卡	禮卷
1	12/01/2003	中班	11895	0	0	0	11895	11895			
2	12/02/2003	中班	12680	69	0	0	12611	12624	0		
3	12/03/2003	中班	12121	95	0	0	12026	7541		3322	1163
4	12/04/2003	中班	11809	79	0	0	11730	8693		1883	1200

| 櫃檯作業 | 基本資料 | 交班作業 | 使用者管理 | 發票管理 | 會員資料 | 報表查詢 | 進貨管理 | 登出 |

交易編號 [ ] ~ [ ]   班別 [▼]
交易編號 12/29/2003 ~ 12/29/2003 ...   收款人 [ ]   🖨 列印

合計: 7921 元

銷售日報表

	交易編號	日期	班別	客戶名稱	消費金額	折扣金額	招待金額	服務費	總計	現金	支票	信用卡	禮卷	簽帳	收款人	起始消費時間
1	2031229000001	12/29/2003	中班		255	0	0	0	255	255					CC	12:05:33
2	2031229000002	12/29/2003	中班		174	0	0	0	174	174					CC	12:06:07
3	2031229000003	12/29/2003	中班	陳淑宜	323	10	0	0	313	313					CC	12:07:29
4	2031229000004	12/29/2003	中班		530	0	0	0	530	530					CC	12:08:30
5	2031229000005	12/29/2003	中班	朱慶鍊	445	49	0	0	396	396					CC	12:08:51
6	2031229000006	12/29/2003	中班		174	0	0	0	174	174					CC	12:13:38
7	2031229000007	12/29/2003	中班		119	0	0	0	119	119					CC	12:16:37
8	2031229000008	12/29/2003	中班	林秉敏	2244	32	0	0	2212			2212			CC	12:17:11
9	2031229000009	12/29/2003	中班		204	0	0	0	204	204					CC	12:21:56

下載元件

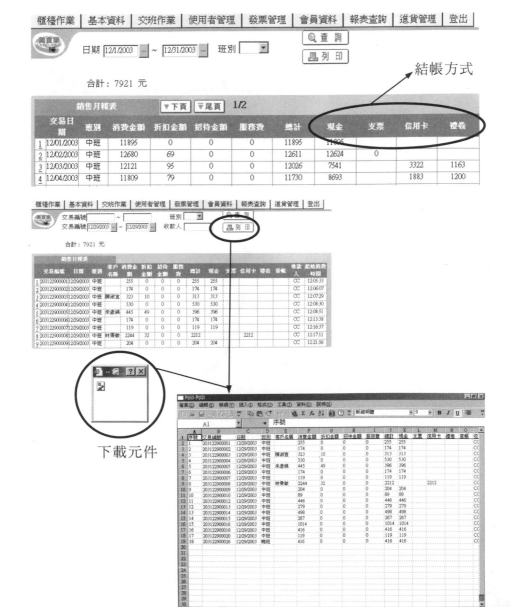

餐飲管理系統

㈢產品銷售統計

　　可依銷售量或銷售額，做出銷售產品的排行表，以了解哪些產品最為顧客所喜愛，哪些產品是需要作調整改進的。

	產品編號	產品類別	類別	產品速碼	產品名稱	消費數量	消費金額
1	0101	主廚特餐	特餐類	0101A	(西生菜蟹肉包飯)	20	1780
2	0204	主套餐	套餐類	0203	(不老套餐)	6	1194
3	0101	主廚特餐	特餐類	0101B	(芙蓉蟹肉蓋飯)	5	595
4	0503	三鮮湯	湯品類	0503	三鮮湯	1	500
5	0203	商業套餐	套餐類	0201	(巴西蘑菇雞套餐)	3	447
6	0205	主套餐	套餐類	0205B	御燒鮑魚角	1	399
7	0101	主廚特餐	特餐類	0101C	(蘋果加哩雞蓋飯)	3	357
8	0101	主廚特餐	特餐類	0101J	(三小品特製蒸飯)	4	356
9	0105	商業午餐	特餐類	0105C	烏骨雞麵線	4	340
10	0703	石蟹麻油麵線	麵品類	0703B	豬肝麻油麵線	2	298

(四)產品資料查詢

可查詢餐廳所有產品之詳細資料，包含價格／供應時段／生產處等，讓新進人員能透過產品資料查核得知餐廳最完整之餐點資料。

| 櫃檯作業 | 基本資料 | 交班作業 | 使用者管理 | 發票管理 | 會員資料 | 報表查詢 | 進貨管理 | 登出 |

產品編號 [　] 產品名稱 [　] 🔍 查詢
類別名稱 [　▼] 生產處 [　▼] 稅金屬性 [　▼]

產品資料	▼下頁 ▼尾頁 1/12					
	產品編號	產品名稱	產品類別	稅金屬性	生產處	產品備註
▶ 1	0001	雞湯類	原湯類	含稅		
2	0101	主廚特餐	特餐類	含稅	廚房	
3	0105	商業午餐	特餐類	含稅	廚房	
4	02	乾貨類	雜貨類	含稅		
5	0202	商業套餐	套餐類	含稅	廚房	

產品價格								
產品簡碼	產品簡稱	產品份量	產品售價	產品成本	供應時段	庫存量	原料	副餐
01A	高雄烏骨雞	份	0	23.75	全天	219	是	否
01B	脫線烏骨雞	兩	0	0	全天	0	是	否
01C	原料湯	份	0	9.25	全天	399	是	否
01D	二仙膠	份	0	9.91	全天	723	是	否

(五)招待統計查詢

可依日期／人員／金額／原因做不同的查詢，並將招待或退單的資料統計出來，進而了解原因，此功能可作為管理的參考依據。

| 櫃檯作業 | 基本資料 | 交班作業 | 使用者管理 | 發票管理 | 會員資料 | 報表查詢 | 進貨管理 | 登出 |

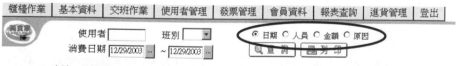

使用者 [　] 班別 [　▼] ⊙ 日期 ○ 人員 ○ 金額 ○ 原因
消費日期 [12/29/2003] ... ~ [12/29/2003] ... 🔍 查詢 🖨 列印

合計：119 元

招待統計查詢									
	交易編號	交易日期	班別	消費總額	產品名稱	招待原因	使用者	客戶編號	招待數量	招待金額
1	2031229000028	12/29/2003	晚班	119	主廚特餐		CC		1	119

(六)退單統計查詢

(七)報表進階查詢

可以針對各條件查詢餐廳的銷售成績，也可調閱歷史資料作銷售分析比較表。可以針對進貨或餐廳出貨的記錄，進階設立條件，做比較查詢並列印報表，供出貨管理調閱之用。

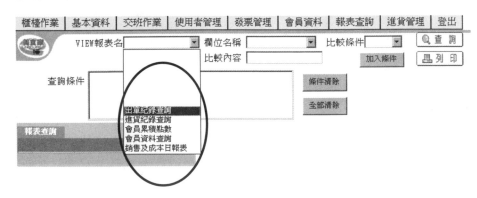

1. 先選擇進階報表名稱。
2. 選擇欄位名稱，設立比較條件後輸入比較內容，再按下加入條件按鈕，系統自動將條作帶入查詢條件欄位中。

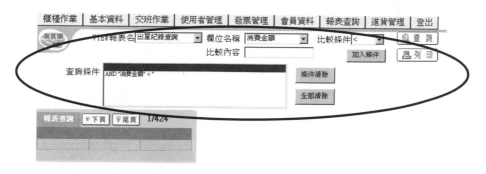

3. 按下查詢按鈕後,系統會依所設立之條件尋找並列出符合條件之資料。

4. 按下列印按鈕後,系統出現列印畫面,操作者再依自行需求選擇所需欄位列印報表存檔。

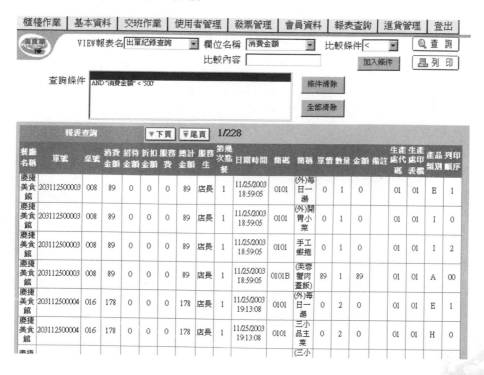

餐飲管理系統

第八章

進階操作

餐廳新增報表使用說明

(一)進入畫面點選基本資料,選擇【語法參數維護】

櫃檯作業	基本資料	交班作業	使用者管理	發票管理	會員資料	報表查詢	進貨管理	登出

產品類別維護
產品資料維護
生產處維護
代碼資料維護
餐桌資料維護
付款方式維護
班別資料維護
系統參數維護
語法參數維護
特價資料維護
資料清除作業

結帳作業　　併桌作業　　換桌作業　　保留作業

□ 灰色桌為空桌 ■ 橘色桌為佔桌 ■ 綠色桌為外帶 ■ 紫色桌為合桌 ■ 藍色桌為保留桌

※	桌號	時間	單號
▶	00？		
▶	00？		
▶	00？		
▶	00？		
▶	00？		

※	桌號	時間	單號
▶	008		
▶	009		
▶	011		
▶	012		
▶	013		

※	桌號	時間	單號
▶	015		
▶	016		
▶	017		
▶	018		
▶	019		

※	桌號	時間	單號
▶	000		

餐廳名稱:慶捷美食館　使用者:店長　(HOT NEWS)||設定請至系統參數維護!!　▶12/29/2003　12:13:34

桌號	合桌	外帶	點餐		7	8	9	*	/
會員編號	人數	點選全部	點菜清單		4	5	6	−	C
多	招待	退餐	點餐備註		1	2	3	+	←
統一編號	信用卡號	服務費	點菜數量		0	00	.		

進階操作

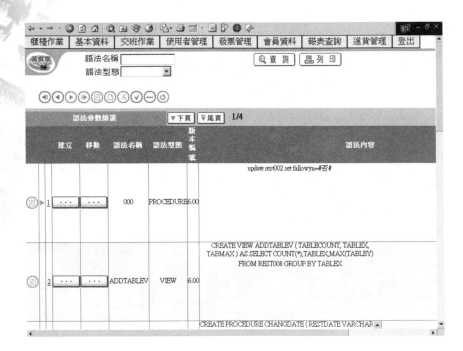

（二）點選【新增】

（三）加入語法名稱、選擇 view、語法內容、自行編輯和報表
　　說明等資料，如下列畫面

註：這裡需要了解 SQL 語法，有關 View 的部分。View 語法：

　　CREATE VIEW view AS SELECT query。

　　（view：所要創建的視圖名稱。query：一個將為視圖提供行和列
　　的 SQL 查詢。詳細 SQL 語法說明請參閱基本 SQL 語法說明）

範例：1. CREATE VIEW vista AS SELECT text 'Hello World'.

　　　2. CREATE VIEW kinds AS

　　　　SELECT *

　　　　FROM films

　　　　WHERE kind = 'Comedy';

進階操作

（四）例：增加一張欄位為產品編號、產品名稱、產品價格的表

輸入語法名稱：TPRICE

語法型態選擇：VIEW

輸入語法內容：

CREATE VIEW TPRICE AS

SELECT A.ITEMNO, A.ITEMNA, B.UNITAMT

FROM REST001 A, REST002 B

WHERE A.ITEMNO＝B.ITEMNO

自行編輯（Y在報表進階查詢中顯示，N不在報表進階查詢中顯示）：Y

報表說明（表名）：產品價格

型態	版本編纂	語法內容	自行編輯	報表說明
W	6.00	CREATE VIEW TABLESTATE2 (TABLENO,TABLENA,TABLEX,TABLEY,TRNO,TABSTA) AS SELECT REST008.TABLENO,REST008.TABLENA,REST008.TABLEX,REST008.TABLEY,REST021.TRNO,strlen (REST021.TRNO) AS TABSTA FROM REST008 LEFT JOIN REST021 ON REST008.TABLENO=REST021.TABLENO AND REST021.PAYYN='N' WHERE REST008.TABLEX='02' ORDER BY TABLEY	N	
W	6.00	CREATE VIEW TABLESTATE3 (TABLENO, TABLENA, TABLEX, TABLEY, TRNO, TABSTA) AS SELECT REST008.TABLENO,REST008.TABLENA,REST008.TABLEX,REST008.TABLEY,REST021.TRNO,strlen (REST021.TRNO) AS TABSTA FROM REST008 LEFT JOIN REST021 ON REST008.TABLENO=REST021.TABLENO AND REST021.PAYYN='N' AND REST021.DELYN='否' WHERE REST008.TABLEX='03' UNION SELECT TABLENO,CAST('外賣' AS VARCHAR(20)) AS TABLENA,CAST('03' AS TABLEX,CAST('99' AS VARCHAR(2)) AS TABLEY,TRNO,CAST(00 AS INTECED) AS TABSTA FROM	N	
		CREATE VIEW TPRICE AS SELECT A.ITEMNO, A.ITEMNA, B.UNITAMT FROM REST001 A, REST002 B WHERE A.ITEMNO=B.ITEMNO	Y	產品價格

㈤新增完畢後按確定鍵

	建立	移除	語法名稱	語法型態	版本編纂	語法內容
31	...	...	TABLESTATE2	VIEW	6.00	CREATE VIEW TABLESTATE2 (TABLENO,TABLENA,TABLEX,TABLEY,TRNO,TABSTA) AS SELECT REST008.TABLENO,REST008.TABLENA,REST008.TABLEX,REST008. (REST021.TRNO) AS TABSTA FROM REST008 LEFT JOIN REST021 ON REST008.TABLENO=REST021.TABLENO AND REST021.PAYYN='N' WHERE REST008.TABLEX='02' ORDER BY TABLEY
32	...	...	TABLESTATE3	VIEW	6.00	CREATE VIEW TABLESTATE3 (TABLENO, TABLENA, TABLEX, TABLEY, TRNO, TABSTA) AS SELECT REST008.TABLENO,REST008.TABLENA,REST008.TABLEX,REST008. (REST021.TRNO) AS TABSTA FROM REST008 LEFT JOIN REST021 ON REST008.TABLENO=REST021.TABLENO AND REST021.PAYYN='N' AND REST021.DELYN='否' WHERE REST008.TABLEX='03' UNION SELECT TABLENO,CAST('外賣' AS VARCHAR(20)) AS TABLENA,CAST('03' AS VARCHAR(2)) AS TABLEX,CAST('99' AS VARCHAR(2)) AS TABLEY,TRNO,CAST(00 AS INTECED) AS TABSTA FROM
33	...	...	TPRICE	VIEW		CREATE VIEW TPRICE AS SELECT A.ITEMNO, A.ITEMNA, B.UNITAMT FROM REST001 A, REST002 B WHERE A.ITEMNO=B.ITEMNO

語法參數維護　首頁　上頁　4/4

進階操作

㈥再按下建立，出現建立完成訊息後就完成設定

	建立	移除	語法名稱	語法型態	版本編號	語法內容
31	...	...	TABLESTATE2	VIEW	6.00	CREATE VIEW TABLESTATE2 (TABLENO,TABLENA,TABLEX,TABLEY,TRNO,TABSTA) AS SELECT REST008.TABLENO,REST008.TABLENA,REST008.TABLEX,REST008.TABLEY,REST021.TRN (REST021.TRNO) AS TABSTA FROM REST008 LEFT JOIN REST021 ON REST008.TABLENO=REST021.TABLENO AND REST021.PAYYN='N' WHERE REST008.TABLEX='02' ORDER BY TABLEY
32	...	...	TABLESTATE3	VIEW	6.00	(REST021.TRNO) AS TABSTA FROM REST008 LEFT JOIN REST021 ON REST008.TABLENO=REST021.TABLENO AND REST021.PAYYN='N' AND REST021.DELYN='否' WHERE REST008.TABLEX='03' UNION SELECT TABLENO,CAST('外 賣' AS VARCHAR(20)) AS TABLENA,CAST('03' AS VARCHAR(2)) AS TABLEX,CAST('99' AS VARCHAR(2)) AS TABLEY,TRNO,CAST(99 AS INTEGER) AS TABSTA FROM REST021 where tableno not in (select tableno from rest008) and PAYYN='N' AND DELYN='否'
33	...	...	TPRICE	VIEW		CREATE VIEW TPRICE AS SELECT A.ITEMNO, A.ITEMNA, B.UNITAMT FROM REST001 A, REST002 B WHERE A.ITEMNO=B.ITEMNO

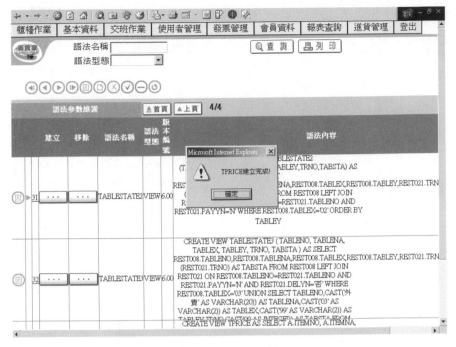

　　若語法錯誤，建立時會出現建立失敗的訊息，請再按編輯去修改語法內容。

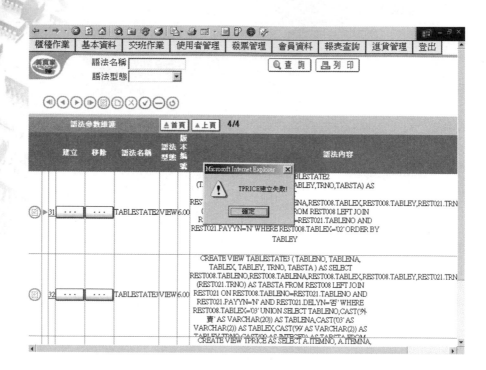

(七)建立完成後,先關閉瀏覽器,重新啟動 webserver

(八)登入畫面後選擇報表進階查詢

| | 櫃檯作業 | 基本資料 | 交班作業 | 使用者管理 | 發票管理 | 會員資料 | 報表查詢 | 進貨管理 | 登出 |

點餐作業　結帳作業　併桌作業　換桌作業

銷售日報表
銷售月報表
產品銷售統計
產品資料查詢
招待統計查詢
退單統計查詢
報表進階查詢

☐ 更新桌況　☐ 灰色桌為空桌　☐ 橘色桌為佔桌　☐ 綠色桌為外帶　☐ 紫色...為保留桌

	桌號	時間	單號		桌號	時間	單號		桌號	時間		桌號	時間	單號
▶	002			▶	008			▶	015		▶	000		
▶	003			▶	009			▶	016					
▶	005			▶	011			▶	017					
▶	006			▶	012			▶	018					
▶	007			▶	013			▶	019					

餐廳名稱：應捷美食館　使用者：店長　　HOT NEWS||　　⏵12/29/2003　16:07:25

桌號	合桌	外帶	點餐		7	8	9	*	/
會員編號	人數	點匯全部	點菜清單		4	5	6	-	C
%	招待	退餐	點餐備註		1	2	3	+	←
統一編號	信用卡號	服務費	點菜數量		0	00	.		

(九)點選欲觀看的報表名稱，輸入要加入的條件，然後按
【查詢】即可

| | 櫃檯作業 | 基本資料 | 交班作業 | 使用者管理 | 發票管理 | 會員資料 | 報表查詢 | 進貨管理 | 登出 |

VIEW報表名 [　　　▼]　欄位名稱 [　　　▼]　比較條件 [　▼]　🔍 查詢

比較內容 [　　　　]　　　　加入條件　🖨 列印

查詢條件 [　　　　　　]　　條件清除

全部清除

報表查詢

進階操作

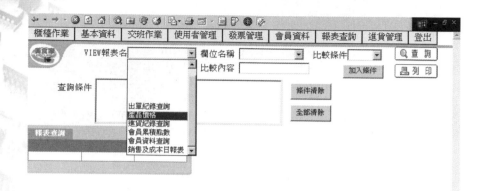

按下查詢，可查到全部資料。

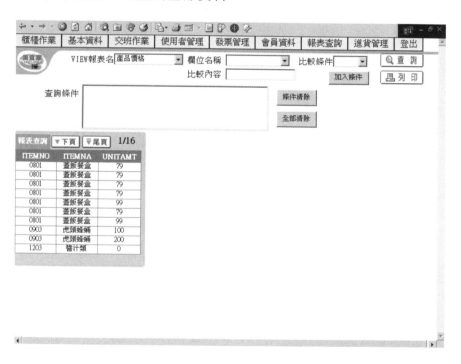

輸入要加入的條件查詢，例如價格要大於 100 元的產品。

ITEMNO	ITEMNA	UNITAMT
0801	蓋飯餐盒	79
0801	蓋飯餐盒	79
0801	蓋飯餐盒	79
0801	蓋飯餐盒	79
0801	蓋飯餐盒	99
0801	蓋飯餐盒	79
0801	蓋飯餐盒	99
0903	虎頭蜂蛹	100
0903	虎頭蜂蛹	200
1203	醬汁類	0

進階操作

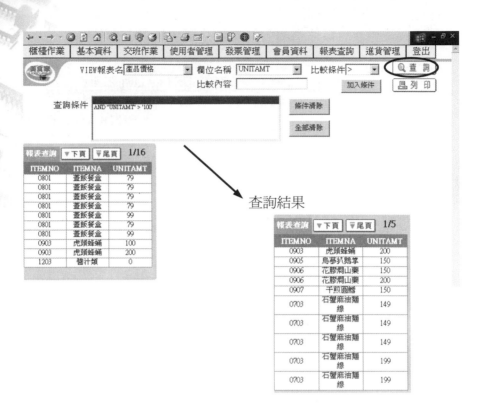

查詢結果

自訂報表內現有報表資料

(一)出單紀錄查詢：（可查詢所有出菜單據紀錄）

語法內容：

```
CREATE VIEW REST042V (
        #餐廳名稱#,
        #單號#,
        #桌號#,
        #消費金額#,
```

餐飲管理
資訊系統

#招待金額#,

#折扣金額#,

#服務費#,

#總計金額#,

#服務生#,

#第幾次點餐#,

#日期時間#,

#簡碼#,

#簡稱#,

#單價#,

#數量#,

#金額#,

#備註#,

#生產處代碼#,

#生產處印表機#,

#產品類別#,

#列印順序#

) AS

SELECT   PROGNO.PAVALUE,REST021.TRNO,REST021.TABLE
NO,REST021.EXPAMT ,

REST021.COPAYAMT,REST021.DISAMT,REST021.TIPSAMT,
　REST021.TRTOTAL,CUSER.USERNA AS USERID,REST023.
　EXPTIME,MAX(REST023.ORDTIME),

REST023.ITEMNO,CAST('　'||REST001V.TEMPNA AS VAR
　CHAR(30)),

CAST(0 AS DOUBLE PRECISION) AS UNITAMT,

sum(REST023.EXPNU*REST011.SUITENU) AS EXPNU,

CAST(0 AS DOUBLE PRECISION) AS EXPAMT,REST023.EX

進階操作

PREM,

MAKENO,PRINTNA,CLASSNO,suiteorder

FROM PROGNO,REST021,REST023,REST001,REST007,

REST011, REST001V,CUSER

WHERE PROGNO='001' AND REST021.TRNO=REST023.TRNO

AND REST023.ITEMNO=REST001.ITEMNO AND USER.

USERID=REST023.USERID AND REST001.MAKENO=

REST007.MAKENO AND REST011.TEMPNO=REST023.TEMP

NO AND REST023.DELLYN='否' AND REST011.SUITENO=

REST001V.TEMPNO

group by PROGNO.PAVALUE,REST021.TRNO,REST021.TABLE

NO,rest021.EXPAMT,

REST021.COPAYAMT,REST021.DISAMT,REST021.TIPSAMT,

REST021.TRTOTAL

,CUSER.USERNA,REST023.EXPTIME, REST023.ITEMNO,

TEMPNA, UNITAMT,REST023.EXPREM,MAKENO,PRINTNA,

CLASSNO,suiteorder

UNION

SELECT PROGNO.PAVALUE,TRNO,TABLENO,REST021.EXPA

MT,COPAYAMT,

PTIME,ORDTIME, TEMPNO,TEMPNA,

REST023.EXPAMT,EXPNU,(REST023.EXPAMT*EXPNU),

EXPREM,MAKENO,PRINTNA,CLASSNO,

CAST('00' AS varchar(2)) AS siuteordr

FROM PROGNO,REST021,REST023,REST001,REST007,CUSER

WHERE PROGNO='001' AND CUSER.USERID=REST023.

USERID AND

REST021.TRNO=REST023.TRNO AND

REST023.DELLYN='否' AND

REST023.ITEMNO=REST001.ITEMNO AND

REST001.MAKENO=REST007.MAKENO

	A	B	C	D	E	F	G	H	I	J	K	L
1	序號	餐廳名稱	單號	桌號	消費金額	招待金額	折扣金額	服務費	總計金額	服務生	第幾次點餐	日期時間
2	1	慶捷美食館	203120100001	002	70	0	0	0	70	Joyce	1	12/01/2003 09:41
3	2	慶捷美食館	203120100002	001	240	0	0	0	240	Joyce	1	12/01/2003 10:10
4	3	慶捷美食館	203120100002	001	240	0	0	0	240	Joyce	1	12/01/2003 10:10
5	4	慶捷美食館	203120100002	001	240	0	0	0	240	Joyce	1	12/01/2003 10:10
6	5	慶捷美食館	203120100003	010	440	0	0	0	440	Joyce	1	12/01/2003 10:21
7	6	慶捷美食館	203120100003	010	440	0	0	0	440	Joyce	1	12/01/2003 10:21
8	7	慶捷美食館	203120100003	010	440	0	0	0	440	Joyce	1	12/01/2003 10:21
9	8	慶捷美食館	203120100003	010	440	0	0	0	440	Joyce	1	12/01/2003 10:21
10	9	慶捷美食館	203120100003	010	440	0	0	0	440	Joyce	1	12/01/2003 10:21
11	10	慶捷美食館	203120100003	010	440	0	0	0	440	Joyce	1	12/01/2003 10:21
12	11	慶捷美食館	203120100005	1201外1	95	0	0	0	95	Joyce	1	12/01/2003 10:27
13	12	慶捷美食館	203120100005	1201外1	95	0	0	0	95	Joyce	1	12/01/2003 10:27
14	13	慶捷美食館	203120100006	006	224	0	0	0	224	Joyce	1	12/01/2003 10:28
15	14	慶捷美食館	203120100006	006	224	0	0	0	224	Joyce	1	12/01/2003 10:28
16	15	慶捷美食館	203120100006	006	224	0	0	0	224	Joyce	1	12/01/2003 10:28
17	16	慶捷美食館	203120100007	002	182	0	0	0	182	Kelly	1	12/01/2003 10:37
18	17	慶捷美食館	203120100007	002	182	0	0	0	182	Kelly	1	12/01/2003 10:37
19	18	慶捷美食館	203120100007	002	182	0	0	0	182	Kelly	1	12/01/2003 10:37
20	19	慶捷美食館	203120100008	001	242	0	0	0	242	Kelly	1	12/01/2003 10:50
21	20	慶捷美食館	203120100008	001	242	0	0	0	242	Kelly	1	12/01/2003 10:50
22	21	慶捷美食館	203120100008	001	242	0	0	0	242	Kelly	1	12/01/2003 10:50
23	22	慶捷美食館	203120100008	001	242	0	0	0	242	Kelly	1	12/01/2003 10:50
24	23	慶捷美食館	203120100009	005	267	0	0	0	267	Kelly	1	12/01/2003 11:22
25	24	慶捷美食館	203120100009	005	267	0	0	0	267	Kelly	1	12/01/2003 11:22

(二)銷售及成本日報表：（合計每筆交易成本及收款紀錄之對照表）

語法內容：

CREATE VIEW REST030V2 (

#交易編號#, #日期#, #班別#, #客戶名稱#, #消費金額#, #折扣金額#,

#招待金額#, #服務費#, #總計#, #成本#, #現金#, #支票#, #信用卡#,

#禮卷#, #簽帳#, #收款人#, #起始消費時間#, #結束消費時間#)

AS SELECT A.TRNO,A.TRDATE,D.SHIFTNA,B.CUSNA,A.EX

進階操作

203

```
    PAMT,A.DISAMT,
A. COPAYAMT,A.TIPSAMT,A.TRTOTAL,
B. SUM(C.EXPCOST*C.EXPNU) AS COST,F.AMT01,F.AMT02,F.AMT03,
C. F.AMT04,F.AMT05,B.USERID,A.INTIME,A.OUTTIME
FROM  REST021 A,REST022 B,REST009 D,REST004 E,REST030
    F,REST023 C
  WHERE REST021.TRNO=REST022.TRNO AND EST030.
    TRNO=REST021.TRNO AND REST022.SHIFTNO=REST009.
    SHIFTNO
    AND REST023.TRNO=REST021.TRNO AND
    REST004.PAYWAYNO=REST022.PAYWAYNO AND DELYN=
    '否' AND PAYYN='Y'
    GROUP BY A.TRNO,A.TRDATE,D.SHIFTNA,B.CUSNA,A.
    EXPAMT,
    A. DISAMT,A.COPAYAMT,A.TIPSAMT,A.TRTOTAL,F.AMT01,
    F.AMT02,F.AMT03,F.AMT04,F.AMT05,B.USERID,A.INTIME,A.
    OUTTIME
```

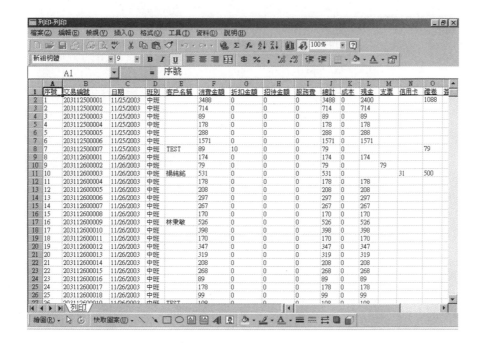

(三)會員累積點數：（合計各會員消費總計及換算之累計積點）

語法內容：

CREATE VIEW CUSPOINT (

  #會員編號#,

  #會員名稱#,

  #消費合計#,

  #紅利積點#)

    AS

SELECT A.CUSNO,B.CUSNA,SUM(a.AMT) AS amt, CAST((SUM

  (a.AMT)-50)/100 AS INTEGER)

FROM REST025V A,REST003 B

WHERE A.CUSNO=B.CUSNO GROUP BY A.CUSNO,B.CUSNA

進階操作

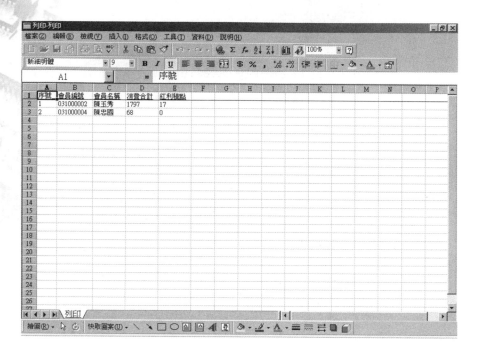

第三節

基本 SQL 語法說明

(一)什麼是 SQL Language？

■SQL(Structured Query Langage)

結構化查詢語言，是用來和關聯式資料庫溝通的標準語言。

(二) SQL 包含什麼？

■資料定義語言(Data Definition Language，DDL)

■資料處理語言(Data Manipulation Language，DML)

■資料查詢語言(Data Query Language，DQL)

■資料控制語言(Data Control Language，DCL)

餐飲管理
資訊系統

㈢資料定義語言(DDL)

　■資料定義語言，用以建立及重新整理資料物件，像是建立或
　　移除、修改資料表結構的指令。

㈣資料處理語言(DML)

　■資料處理語言，是ＳＱＬ用以處理資料庫中資料的指令，像
　　是新增、刪除、修改資料內容等指令。
　■基本指令：INSERT、UPDATE、DELETE。

㈤資料查詢語言(DQL)

　■資料查詢語言，用以查詢資料庫中資料的指令，這裡是最常
　　使用的指令。
　■基本指令：SELECT。
　■基本指令加上一些搜尋條件指令，可以更方便的找到所要的資料。

㈥資料控制指令(DCL)

　■資料控制指令，用以控制資料庫中資料的存取，通常用來建
　　立使用者可能會存取到的物件，和使用者之間的權限流動。

進階操作

㈦範例資料表

PRODUCT（產名資料表）			
P_ID	MAKER	NAME	UNIT_PRICE
P001	AMD	433	2000
P002	INTEL	433	3000
P003	INTEL	466	4500
P004	AMD	466	3000
P006	AMD	533	4500
P008	AMD	733	5300
P009	INTEL	533	5500
P005	AMD	650	4850
P007	INTEL	650	6500
P010	AMD	450	1800

TRANSACTION（交易資料）			
BUY_ID	BUY_DATA	QTY	P_ID
B001	2000/3/17	5	P001
B002	2000/3/18	4	P003
B004	2000/3/17	3	P004
B006	2000/3/20	5	P002
B005	2000/4/5	7	P002
B010	2000/4/5	4	P003
B007	2000/3/17	3	P005
B003	2000/3/19	8	P007
B009	2000/3/18	1	P008
B008	2000/4/6	10	P001

餐飲管理
資訊系統

(八) SELECT 指令

■SELECT指令 使用FROM子句作為連結，用於資料庫之中，從一個已組織好且可讀的正式資料表中擷取資料。

■FROM 子句用來連結資料表

例如：將 PRODUCT 全部資料選取出來

指令：SELECT * FROM PRODUCT

結果：

P_ID	MAKER	NAME	UNIT_PRICE
P001	AMD	433	2000
P002	INTEL	433	3000
P003	INTEL	466	4500
P004	AMD	466	3000
P006	AMD	533	4500
P008	AMD	733	5300
P009	INTEL	533	5500
P005	AMD	650	4850
P007	INTEL	650	6500
P010	AMD	450	1800

(九) 使用判斷式分辨資料

■語法:WHERE 條件式

■條件式可以多項

■條件式中還可以用 SELECT 減少資料，稱之為子集合

例如：只要查出 P_ID 欄位等於 P001 的全部資料

指令：SELECT * FROM PRODUCT WHERE P_ID = 'P001'

結果：

P_ID	MAKER	NAME	UNIT_PRICE
P001	AMD	433	2000

進階操作

(十)比較運算子

■運算子種類：

1. ＝ （等於）
2. ！＝ （不等於）
3. ＞ （大於）
4. ＜ （小於）

■用以在 WHERE 子句中做條件式判斷條件時使用

例如：將 P_ID 不等於 P001 的資料全選出來

指令：SELECT * FROM PRODUCT WHERE P_ID ！＝ ‘P001’

結果：

P_ID	MAKER	NAME	UNIT_PRICE
P002	INTEL	433	3000
P003	INTEL	466	4500
P004	AMD	466	3000
P006	AMD	533	4500
P008	AMD	733	5300
P009	INTEL	533	5500
P005	AMD	650	4850
P007	INTEL	650	6500
P010	AMD	450	1800

(土)集合運算子

■集合運算子包含：

■AND（滿足兩者）

■OR（兩者之一）

■NOT（相反）

■用以在 WHERE 子句中做條件式判斷條件時使用，用以將一個以上之條件串接

例如：將 P_ID 等於 P001 並且 MAKER 等於 AMD 的資料選取出來

指令：SELECT * FROM PRODUCT WHERE　P_ID＝ 'P001'

　　　　AND MAKER＝ 'AMD'

結果：

P_ID	MAKER	NAME	UNIT_PRICE
P001	AMD	433	2000

(±)邏輯運算子

■邏輯運算子包含：

1.　IS NULL（是空值）
2.　BETWEEN（介於）
3.　IN（存在某集合中）
4.　LIKE（類似）

■用以在 WHERE 子句中做條件式判斷條件時使用

　　例如：將 PRODUCT 中 NAME 欄位不等於空值的資料全部選

　　　　　取出來

　　指令：SELECT * FROM PRODUCT WHERE NAME NOT IS NULL

　　結果：

P_ID	MAKER	NAME	UNIT_PRICE
P001	AMD	433	2000
P002	INTEL	433	3000
P003	INTEL	466	4500
P004	AMD	466	3000
P006	AMD	533	4500
P008	AMD	733	5300
P009	INTEL	533	5500
P005	AMD	650	4850
P007	INTEL	650	6500
P010	AMD	450	1800

(±)排序查詢所得到的資料

進階操作

■語法：ORDER BY 欄位名稱1[,欄位名稱2] [ASC(升冪)|DESC(降冪)]

■ORDER BY 子句會使得 SELECT 指令所查詢的資料按欄位名稱做升冪或降冪排序

例如：PRODUCT 全部的記錄按 P_ID 欄位做升冪排序

指令：SELECT * FROM PRODUCT ORDER BY P_ID ASC

結果：

P_ID	MAKER	NAME	UNIT_PRICE
P001	AMD	433	2000
P002	INTEL	433	3000
P003	INTEL	466	4500
P004	AMD	466	3000
P005	AMD	650	4850
P006	AMD	533	4500
P007	INTEL	650	6500
P008	AMD	733	5300
P009	INTEL	533	5500
P010	AMD	450	1800

(崗)計算資料表中的資料筆數

■語法：COUNT(欄位名稱)

■用來取得資料庫中符合條件的資料有幾筆的指令

例如：查詢符合 P_ID 等於 P001 的資料有幾筆

指令：SELECT COUNT(*) FROM PRODUCT WHERE P_ID= 'P001'

結果：

COUNT
1

(崗)將資料群組化

■語法：GROUP BY 欄位名稱1 [,欄位名稱2]

■將所查到的資料按欄位名稱做群組化

■限制:使用 GROUP BY 子句時 不能用 * 來選取全部的資料欄位
■例如: SELECT P_ID FROM PRODUCT GROUP BY P_ID
將 P_ID 做群組化並且只選取 P_ID 欄位

㈥從另一個資料表中選取資料

■語法：FROM 資料表名稱 1[,資料表名稱 2]
■二個以上的資料表要同時選取資料時 FROM 子句必需以逗點來分別開來
■例如：
■SELECT * FROM PRODUCT,TRANSACTION
將 PRODUCT 及 TRANSACTION 二個資料一起選取出來

㈦新增資料庫資料

■語法：INSERT INTO 資料表名稱[(資料欄位 1[,資料欄位 2…])] VALUES(資料 1[,資料 2…])
■用以在資料庫中新增一筆或一集合資料
■INSERT 子句後面也可以加上 SELECT 子句來做一集合的條件

㈧修改資料庫中的資料

■語法：UPDATE 資料表名稱 SET 欄位名稱 1＝新值[,欄位名稱 2…] [WHERE 條件式]
■用以修改資料庫內的資料
■注意：UPDATE 在使用時，最好都加上 WHERE 子句，不然會將整個資料庫中的欄位都改成一樣

㈨刪除資料庫中的資料

■語法：DELETE FROM 資料表名稱 [WHERE 條件式]
■用以刪資料庫中的資料
■注意：使用 DELETE 子句時最好加上 WHERE 子句，不然會將資料表中資料全部刪除

213

進階操作

國家圖書館出版品預行編目資料

餐飲管理資訊系統 ／ 蔡毓峰著. -- 初版. --
臺北市：揚智文化， 2004[民 93]
面 ； 公分

ISBN 957-818-625-8（平裝）

1. 飲食業 - 管理 - 自動化

483. 8029　　　　　　　　　　　93006792

餐飲管理資訊系統

作　　者／蔡毓峰
出 版 者／揚智文化事業股份有限公司
發 行 人／葉忠賢
登 記 證／局版北市業字第 1117 號
地　　址／台北縣深坑鄉北深路三段 260 號 8 樓
電　　話／(02)8662-6826
傳　　真／(02)2664-7633
E-mail ／service@ycrc.com.tw
印　　刷／鼎易印刷事業股份有限公司
I S B N ／957-818-625-8
初版一刷／2004 年 5 月
初版二刷／2009 年 9 月
定　　價／新台幣 350 元